燧石
Flint
文库

A Brief History of Industrial Software

工业软件简史

林雪萍——著

前　言

工业软件，是令人迷惑的一种产品。它既不像一般工业品，有着巨大的产值、有形的形态和清晰可见的投资回报率；也不像常规的软件，熟悉计算机语言和业务逻辑就可以编程运行。工业软件之于软件而言，就像老虎属于猫科，但此虎非彼猫。

当前工业软件，正处于一种让国民焦灼的状态。但工业软件的边界并不容易说清楚。如果说只要用在工业领域的软件就算工业软件，那么它的范畴就比较大。根据工信部的数据，2020 年，中国软件产品实现收入 22 758 亿元，占信息服务行业比重为 27.9%。其中，工业软件产品实现收入 1 974 亿元。实际上，这个范畴仍然比较宽泛。工业软件的定义过于宽泛，容易导致无法把有限资源，很好地聚焦在当下最需要攻坚的地方。

笔者习惯于将工业软件分为工业物理学软件和工业管理学软件。后者诸如企业资源管理(ERP)软件、供应链管理(SCM)软件之类，其实并不是工业软件攻坚的重点。前者以研发工具如计算机辅助设计(CAD)软件、计算机辅助工程(CAE)软件、电子自动化设计(EDA)软件或者流程模拟软件等为主，这些才是真正的硬骨头。只有将工业软件的定义聚焦到真正的工业内核上，工业软件才能有更好的发展。国内经常有信息技术企业排行榜，Top10 公司中往往有制造业的华为、海尔、中兴、浪潮和海信。这类制造业企业的软件，基本都是嵌入式软件。没有这些软件，硬件就无法工作。但这些软件，其实跟日常所担忧的卡脖子软件关系并不大，也不是本书关心的范畴。能够独立服务制造业的研制类工业软件，才是中国最需要突破的地方。

工业软件是制造行业的基石。它是一种支点产业，产值很小，跟“高大上”无关。或者说，它不高（不可见）、不大（无产值），也不上脸（隐藏在最底层）。以国内当前最受关注的卡脖子芯片行业为例。全球半导体市场规模近5 000亿美元，往上，支撑起数万亿美元的电子设备，并进一步支撑起几十万亿美元的数字经济市场；往下，它需要500亿美元产值的半导体生产设备来支撑；再往下，才会看到一个100多亿美元的电子设计自动化软件。若没有这种软件，芯片支撑的世界，就成了一个沙塑宫殿。

这样的例子可以举很多。例如仿真CAE软件，就是这样一个奇特行业。中国每年的CAE软件市场可能只有几十亿元人民币的规模，能不能成为一个“行业”都难说。在这个领域，一家企业能有几千万元的收入，就是优等生。CAE软件的类别众多，各行各业都有它们的身影，它们就像是大自然丰富多样的物种。在每一个狭窄的缝隙里都会长出CAE软件，比如，挖掘机挖斗里滚动的泥块或者制药颗粒的成型，都在用一种叫做散料仿真的软件模拟。

作为一种工业品形态，中国工业软件呈现了五个令人难堪的特点，可以概括为：难、冷、穷、小、重。

难，攻关不易。工业化沉淀留下了无数的深坑。只有扔进去钱、知识和人才，才能填满它。就通用CAE软件而言，国内还没有一家公司能够正面挑战行业全球领先者。这些领头羊的工业软件，早在电气化开启的时代，就开始与工业界共同不懈探索。大量的工业化知识，沉淀在这些工业软件之中。这是自主工业软件难以攻克之处。

穷，没有钱。中国制造业用户，长期未能认识到软件的知识价值，“重硬轻软”成为一种压倒性的潜意识。这其实也是制造业进化的一种幼稚症。在荷兰光刻机厂商阿斯麦在发展初期，市场被尼康和佳能统治。芯片代工厂台积电由于工厂失火，日本设备一时供应不上，就转向阿斯麦。阿斯麦光刻机一向是硬件和软件兼顾，但在这个时候，它突然发现，亚洲的客户除了愿意购买机器设备，并不想为软件付费，也不想为软件升级而付费。这样的场景，至今仍然存在。

冷，冷清的行业。这个行业严重缺血。大学生人才的培养，已经基本断档。对于 CAE 软件、CAD 软件、EDA 软件等，绝大部分高校里没有相关学科。现有的从业者，则往往被互联网行业轻松挖走。

小，市场之小，几乎不可见。全球芯片约有 5000 亿美元的市场，但支撑芯片设计的软件可能只有上百亿美元的市场。

最后是“重”，小尖工业软件，大国重器担当。如果没有工业软件，很多设计、研发、运行都会停摆。工业软件其实是无法分类的。如果硬要给它分类，那不妨把它列入国民经济。这表明了它的重要性。工业运行的逻辑，归根结底是知识结晶。这些知识结晶的最大容器，就是工业软件。抽掉工业软件，整个制造业将分崩离析。

本书意在还原工业软件这种特殊工业品的面貌。第一章按类别描述了工业软件，大致按照从工厂建造开始，到设计研发，到制造，再到运行维护的线索。

第二章从行业角度出发，向人们提醒，工业软件其实是行业知识的集大成者。每个行业，都有自己独特的软件形态。

第三章探讨了国家创新生态的力量。工业软件最早往往是源自大学和科研院所，这是自然科学原理的一种自发性外溢；之后，需要很好的衔接机制，才能最终成为商业化产品。工业软件的强弱，体现了国家创新生态的建设能力。国家制造业强，则软件强。反之亦然。从这个意义来说，工业软件是一个国家工业化知识沉淀的总和。经历近几十年大量跨国软件并购，工业软件已经发展成为吸收全球工程师知识的强力吸盘。大量复杂、精细的工业知识，越来越紧密地被编码化。

第四章和第五章探讨了最常见的三种工业软件的起源和发展经历。这些软件成长的历史，是一口口池塘里发生的故事。各种小鱼，如何适应时代的水温，通过商业和资本的手段，最后一统江湖。大鱼吃小鱼，是最常见的剧情。小鱼层出不穷，则是另外一段精彩。

第六章描述了中国三种工业软件曾经的辉煌和失落，以及准备重新崛起的故事。中国工业软件当下热浪汹涌，炙手可热，成为资本市场的宠儿。然而，在这波热浪之前，有一个漫长、冷清的前夜。

最后一章简单描述了工业软件的发展未来。从过去发展历程来看，工业软件跟计算机的发展在不少节点上是重合的。20世纪七八十年代，PC机和Windows来临的时候，是许多工业软件的分水岭。然而，互联网的发展，到目前为止，还没有证明它对工业软件的进化而言是一种颠覆性力量；当下的大数据、物联网和人工智能，尚不确定是否会成为工业软件发展的另外一个分水岭。它会是强者更强的工具，还是初生力量翻盘的一次机会？也许我们正在这个进程的裹挟之中，它的结果需要再过十年才能做评价。

工业软件正在进化成平台。大型工业软件商，在把收购的软件品牌，从用锁链铰接的漏洞百出的连营，逐渐发展成无缝一体化的战车。原来单一的软件形态，已经不复存在。观察工业软件的形态，现在或许是最佳的窗口期。你有机会看到一只蚕蛹在蜕变成蝶，世界的本源在向你敞开。一旦化蛹成蝶，将只留美丽身影，再也无法溯源。认清事物本质的窗口，几乎完全关闭。

制造业对待工业软件的态度，就像是青春爱情故事。没有阅历，往往很难珍惜。工业化只有发展到一定的成熟度，才能发现工业软件的妙处。而且两者越来越密不可分。

工业软件，一直是智能制造和工业互联网，以及数字化转型必不可少的武器。但本书刻意避开了这些顶层概念，而下沉到工具本身。目的是为了返璞归真，还原真实工业世界。在这里，朴素工业主义才是最需要静心恪守的。这种聚焦，应该是中国从制造大国向强国进军所必需的一种定力。中国制造要强大，工业软件非强不可。好消息是，2019年以来，工业软件受到越来越多的关注，成为炙手可热的行业门类。各种资本蜂拥而至，过去的粗茶淡饭现在换成了海鲜满桌。这是令人欣喜的现象。中国工业软件吃苦流泪多年，现在终于迎来了一个最好的时代。这是中国制造挺身一跃的关键节点。时代的指针，已经指向此刻。

最后要提的是，工业软件的殿堂宽广、深邃，笔者只是一个匆匆而来、进门看了几眼就想发表议论的急性子游客，对许多工业软件的知识尚一知半解，囫囵吞枣的地方有很多，经不起行业心细读者的推敲。工业软件术语众多，相关公司在并购过程中也反复更名，企业与产品名称时有重合，笔者也经常会混淆。此外，工业软件与行业密切相关，本书对于工具软件描述相对多一些，对于跟机器绑定在一起的软件，则涉及不多。另外，关于工业软件的描述一般专业性都很强，也导致生涩难懂。笔者遣词调句，尽量让文章呈现较强的故事性，容易阅读，但也因此降低了部分内容的科学严谨性。这些地方，还请读者海涵。如果还是觉得瑕疵太多，干脆就当成一本非写实的导引性材料。只要对工业软件留有一个大概的印象，顺便对工业软件多一丝敬畏，笔者也就心满意足。

林雪萍

于北京陶然亭公园

目　录

上篇：让制造强大

下篇：历史的进化

上篇

让制造强大

第一章
工业软件的骨架

1.1 举起概念之槌

工业软件是一个什么样的范畴?

回答起来很难。没有人能够完全梳理清楚工业软件的概念,每一种国民经济分类,都与大量工业软件筋脉相连。正因为如此复杂,很难给出一个完整、清晰的边界。如同在一头巨象面前,每个人都只能摸到庞然大物的一些局部。

工业软件的定义一向宽泛,而且歧义很多。一种常见的看法是,只要是在工业活动中使用的软件,都可以算在其中。这意味着对工业软件的范畴很难进行单纯的描述。但这种泛化的认识,容易混淆工业软件之间的差异。像甲骨文(Oracle)、Salesforce 这样的软件公司巨头,尽管很难被替代,但如果下狠心,总是有办法的。正如银行领域的去 IOE(去除以 IBM 小型机、Oracle 数据库和 EMC 存储设备为代表的 IT 基础体系,这三个海外巨头从软硬件上垄断了商业数据库领域)一样,也许两年不行,五年总可以,这是一个靠决心和狠心可以在相对短期内解决的问题。大家已经可以看到华为、阿里巴巴等公司的努力,无论是在服务器还是数据库和操作系统方面,中国的自研产品正在起到替代国外产品的作用。但是,如果想要替代诸如 Ansys、Synopsys 这类大型工业软件,靠瞬间的决心和狠心是没有可能的,即使乐观一点,花上十年八年的时间恐怕都很难实现替代。

这让我们意识到，工业软件的定义范畴不能太宽泛。因为太大的突击面，即使投入大量资金和努力，也收效甚微。就像小小的图钉，相同的压力，只有聚焦在小面积上，才能产生破除障碍的效果。对于中国的工业软件，只有收缩并聚焦受力面，才能产生更大的突破性进展。

按照美国埃士信咨询公司（IHS）的软件分类，大类别有 18 种。其中与中国的工业软件最接近的，是“工程和科学软件”，用来支持工业和项目活动的工程和科学过程。按照 IHS 数据库统计，大概有 5 000 多家工业软件供应商，提供了近 2 万多种不同的工业软件。实际上，大量的工业软件尚未在收录之中，因此实际数量要远大于此。

IHS 公司的分类只是一个参考。在中国，“工程和科学”都有特别的含义，因此这种概念并不能照搬过来使用。理想中的工业软件，需要跟机器、工艺、材料等紧密结合在一起。因此姑且划分出两个大类，将工业软件分为工业管理学软件和工业物理学软件。这样的划分，是为了将管理类的软件与其他软件区分开来，并让后者保留工程科学计算的基因。这里的“物理学”，并非指狭义“物理学科的科学”，而是指“物理实体的科学规律”，因此也包括化学、生物学等。本书将主要讨论这类软件，而企业资源计划（ERP）、供应链管理（SCM）、客户关系管理（CRM）等工业管理类软件，就不再作为本书的重点。

在推动制造业发展的历史进程中，国外学者也曾经对“制造”的定义有过困惑。曾经有一种定义认为，“掉下去能砸到脚的东西，那就是制造”。尽管这种定义也不够准确，但“砸到脚”这种传神的比喻，非常形象地描述出“实体经济”的蓬勃气息。而对“工业物理软件”的描述，也希望能起到这样一种区分的作用。

工业物理学软件，可以按照企业的业务流程进行分解，大致可以分为厂房设计、产品研发设计（包括实验室）、制造过程和产品服务等四大过程。

产品服务往往与嵌入式软件有密切关系。嵌入式软件是跟终端设备密切捆绑的一类软件，通常随着产品被一起销售出去。随着智能产品的快速发展，机械产品与电子设备的融合越来越强，因此嵌入式软件市场也在高速增长。据统计，2020 年中国嵌入式软件市场规模达到 1 000 亿元。就销售额而言，华为、海尔、南瑞、中车等都是领头羊企业。这类软件的行业跨度很大，而且已经与机、电、液压等融合在一起，因此并非独立销售的产品。

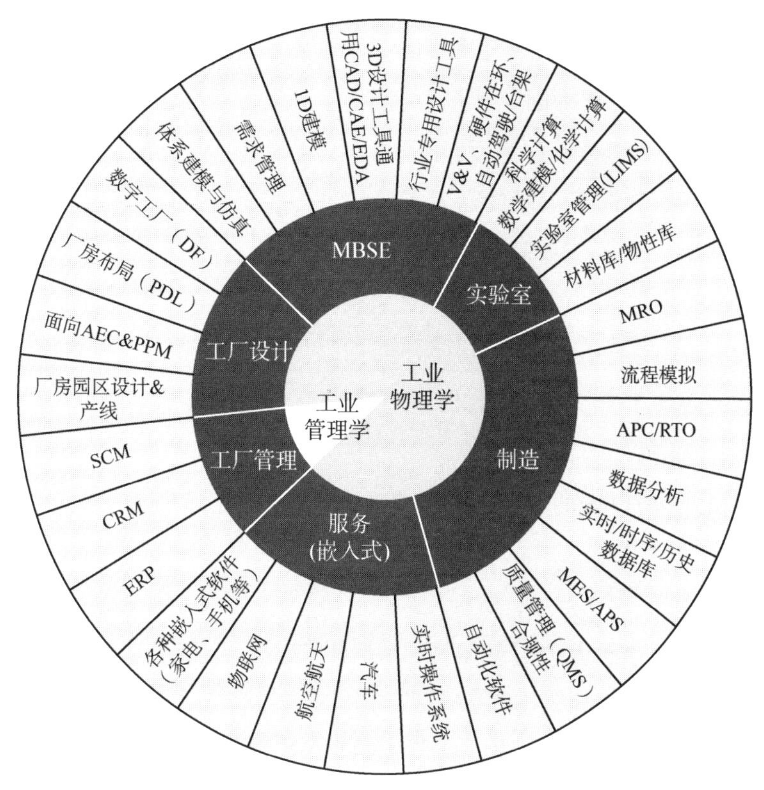

图1-1　工业软件全景示意

很多自动化产品也都有大量与硬件相捆绑的嵌入式软件，这类产品被称为嵌入式系统。像制造业中最常见的控制系统PLC，就是一个嵌入式系统。其中，嵌入式操作系统最引人注目。人们对安卓、ISO等消费者级操作系统已经很熟悉，而工业级操作系统则主要有美国风河的VxWorks、加拿大的QNX、开源的Linux系统，以及中国翼辉的SylixOS等。与消费者级操作系统最大的不同是，工业级操作系统需要很强的实时性、可靠性和对恶劣环境的适应性。操作系统之下是硬件，上面是中间件和应用软件。应用软件与行业密切相关，也最丰富多彩。美国风河公司的起家，与美国国家航空航天局密切相关，并在发展中逐渐渗透到军工、网络通信、工业控制等领域。

随着边缘计算和泛在连接的发展，嵌入式操作系统可以更好地实现边缘智能和机器端决策。嵌入式软件是高端装备的重要组成部分。全球最大的军火商洛克希德·马丁有时也被看成是工业软件巨头，就是因为它制造的军机、导弹等也装备大量的嵌入式软件。但对外单独出售成熟软件，却并不是这类企业的商业模式。因此从独立性和商业性的角度出发，嵌入式软件也不作为本书的研究对象。然而，在开发汽车、家电、医疗器械等产品的嵌入式软件的时候，却需要大量的研发工具软件，这些则是本书的重点。

看到“图 1-1　工业软件全景示意”，有些读者难免会产生质疑。因为要在一张图上，既反映出工业软件的全貌，又要做到科学性，真的是太难了。就像在北京这座千年古都中观光旅游，如果要用两日游就完成旅途，那只能是个别看实景，大部分靠地图，仅仅收获一个大致印象和些许的历史牵挂。因此这张工业软件图取名“示意图”，也是期冀给大家提供一个轮廓，多一个视角来看待复杂斑斓的工业软件世界。在行业应用实践中，不能完全按图索骥。

1.2　基础设施建设中的魅影：工厂设计

工厂的设计，离不开软件。厂房建设以及设备安置与民用建筑有所类似，但仍有很多不同之处，需要使用独特的软件来完成。有一类是专门面向建筑、工程设计和施工（AEC）的三维设计软件，包含了建筑、结构、水暖电等；还有一类软件是面向专业的领域，如石油化工、电力和海事（PPM）等。面向 AEC 领域的软件，一般用来设计民用建筑、基础设施，以及工厂的建筑和结构；而面向 PPM 的软件则需要考虑大面积的管道、反应容器等。

历史上，用于建筑设计的计算机辅助设计（CAD）软件，尽管曾经与工业制造品的同伴裹挟在一起，但后来走向了不同的道路。只有少数软件公司会同时兼具设计建筑和设计工业品的业务。在智能制造的一些场合，它们也会偶尔相遇。

工厂设计是一个复杂的系统工程活动，其核心是对生产设施支持系统的保障。它包含了对生产空间、物料流动、人与设备的关系等布局。

在民用建筑领域，建筑信息模型(BIM)也被广泛使用。它可以说是CAD软件在机械领域的发展从巅峰步入平缓(大约在2000年左右)后的新一轮崛起。这一次，CAD软件的突破口是建筑行业，背后的时代性动力依然是计算能力的提升。CAD软件植根于图形，难以充分解决建筑信息的问题。类似结构件的解决方式，基于BIM的建筑CAD软件开始出现。挥舞“结构件”大旗的Revit软件，一改机械CAD软件里面的点线面结构，实现了参数化设计，在建筑行业异军突起。[1] 这里要提到在1988年以“参数化建模”而彻底改变机械CAD软件的美国参数技术公司(PTC)。是的，尽管一鸣惊人的美国参数技术公司未能在建筑领域建树权威，但从该公司出走的高管人员，以同样的思路创造了新锐的Revit软件[2]，而且非常前卫地采用了订阅制。这种方法超越了时代的脚步整整二十年，订阅制目前已成为许多CAD软件的主流。当然，抵制也是存在的。即使在2020年，Revit软件仍受到了欧洲建筑界用户前所未有的严厉批评和抵制。

回到二十年前，在二维CAD软件时代迅速崛起的美国欧特克公司(Autodesk)，早在1995年就开始研发建筑设计产品。然而，即使是拥有在二维机械CAD软件市场最大的装机量优势，欧特克公司在BIM领域也无法站稳脚跟。应该是注意到了BIM崛起的势头，欧特克公司在2002年收购了Revit软件，并在同年推出BIM白皮书。这个早在20世纪70年代学术界提出的概念，终于在市场端发扬光大。但欧特克公司有意将BIM锻造成独家“概念之锤”的趋势——实际上这是一场国际学术口水官司，欧洲人认为是他们最早创建了这种软件。[3] 随着物联网时代的到来，数字孪生的概念日趋走红，BIM这个概念的意义则被大幅削减。这也许会使得很多建筑CAD软件厂商能松一口气，不必笼罩在“BIM由谁首创”

---

① 陈光：《BIM发展历史2：1994—2014年编年史》，2017年3月21日，https://zhuanlan.zhihu.com/p/25047171。

②③ Artem Boiko：《国外的BIM软件战争(续)：BIM软件发展历史谱系》，2017年1月13日，https://mp.weixin.qq.com/s/wpIkd7iaDh9F2N8uTpdwdw。

这个命题之下。迄今为止,全球 BIM 建模软件有 70 款之多,常用的有 25 款。[①]

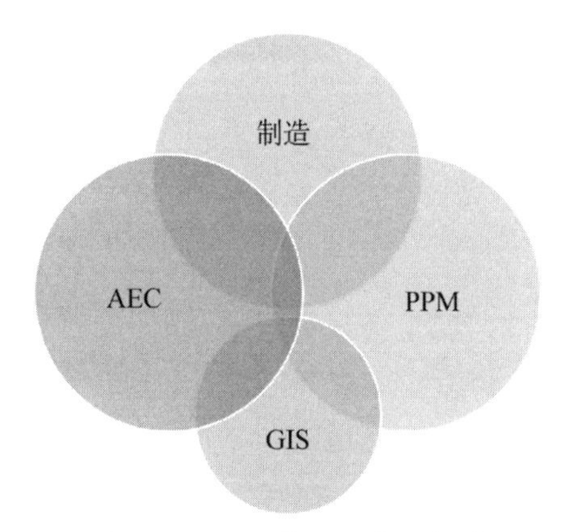

图 1-2 CAD 软件面向的领域

建筑设计 CAD 软件的最早发展,得益于美国对于建筑标准化的推进,使得面向建筑、工程设计和施工的软件快速发展。美国鹰图软件公司(Intergraph)在该领域的建树,最早是由美国一个城市建立数字地理空间的项目而形成。欧特克公司推动建立了国际互操作联盟,将美军的军用装备设计格式标准 STEP 引入建筑设计领域,并力推 BuildingSmart 格式标准。这似乎是一种全球建筑设计软件格式标准的新霸权,欧洲市场对此反应激烈。德国的 Nemetschek 集团并购了匈牙利 Grahpisoft 公司的 ArchiCAD 软件,一直以来都是 Revit 软件的竞争对手。Nemetschek 集团经历了大量的并购发展,最终建立了与美国相抗衡的开放建筑信息模型(OpenBIM)体系。这段争斗的历史,反映了欧洲对美国在建筑设计软件格式标准上的垄断所具有的高度警惕性。德国这家建筑设计软件巨头,旗下如今已经累积了 16 个 BIM 软件品牌,其中 ArchiCAD 名气最大,并在中国建筑设计方面具有很大优势。一点都不意外的是,这款 BIM 软件最早是由一批匈牙利的建筑师与数学家一起合作开发的。后文我们将看到,软件的起源,总是与数学有很好的绑定。

---

① 中国 BIM 培训网:《BIM 建模用什么软件? 常用的 BIM 软件有哪些?》,2018 年 5 月 18 日,https://baijiahao.baidu.com/s?id=1608832747287814366&wfr=spider&for=pc。

每个软件都会有自己的独特定位。比利时的 BricsCAD 软件以轻巧取胜(已被海克斯康公司收购)。芬兰的 Tekla 则是一家从事专业钢结构软件研发的公司,对各种钢结构的设计与制造有着丰富的经验。这种基于钢结构深层次的研发能力而形成特色,也使得它可以在 BIM 市场找到自己的一席之地。达索系统的 BIM,虽然是后起之秀,但也找到了一种进入市场的方法。普通 BIM 的颗粒度不会太精细,而达索系统基于 Catia 内核所开发的 BIM 软件,将颗粒度进一步细化,进入了可以制造的层面,在特别复杂的建筑中可占据一席之地,如助力将北京大兴国际机场建设成为一个人居体验的艺术品。大兴机场的顶部大双曲玻璃有 8 000 多块,每一张都是独一无二的。达索系统的 BIM 软件能贯穿到底,从前端设计到后面的生产施工可以自动切换,驱动弯管机或切割机直接加工出料件。

基于原有机械 CAD 软件内核开发的 BIM 软件,整体而言在市场上是胜少败多,它们往往被用于特殊的场合。铿利科技(Gehry Technologies)基于 Catia 进行二次开发而形成的行业应用 Digital Project,发展成了建筑设计轻量化 SaaS(软件即服务)端应用。在 2014 年,这家公司被美国天宝公司(Trimble)收购。作为全球最有名的高精度卫星导航定位系统商,天宝公司在工程机械领域被广为熟知。它建立了工地建筑的标杆导航系统,全球第一大工程机械商卡特彼勒公司持有它的股份。天宝公司收购谷歌旗下的数字地图设计软件 SketchUp,则加强了它对工地现场的几何造型能力。作为地理信息系统(GIS)的佼佼者,天宝在地理环境建模与施工机械导航之间形成了一体化的数据连通。从近年来的布局看,这也是它进入工业物联网领域的关键战略之一。

依托建设管理部门对于标准的要求,中国面向建筑、工程设计和施工的软件也有了较快发展。尽管在 BIM 的核心建模软件方面仍然落后,但在其他方面也算是有所斩获,如构力科技(PKPM)、盈建科、广联达、品茗、苏州浩辰、博超等公司的软件。面向结构分析的 PKPM 软件,源自中国建筑科学研究院,借助于“863 计划”的工程三维设计系统的课题而研发成功,一度占据勘察设计院 90%左右的市场。后来该软件的主要开发人在离职后创建了盈建科软件公司,在土木工程结构设计软件市场中迅速崛起,并于

2021 年初在深圳证券交易所成功上市。

在工厂设计方面，位于郑州的机械工业第六设计研究院一度有着很好的发展机会。其开发的工厂设计的 JJ 软件包，在 20 世纪 90 年代非常活跃。它收集了当时几乎所有机床厂家的设备数据库，其中包含很多工艺软件计算包，可以进行工艺流、干涉性分析、计算负荷等。可惜的是，与当时很多冉冉兴起的国产软件一样，它慢慢失去了更新的能力。这再一次表明软件的特点，即它是一个慢步长跑的事业。就算是能够靠集中攻关得到它，如果后续没有持续更新能力，它仍不会有前景。软件，需要持续地使用，常用才会常新。

在工程造价预算方面，中国的软件有着独特的优势。除了鲁班软件公司之外，广联达科技公司也表现突出，呈现了类似国外成熟软件公司所具有的特性，那就是对并购的偏爱。广联达科技公司最新的一次收购，是在 2020 年以 4.08 亿元现金收购了以设备模型见长、建立在 Revit 平台基础上的洛阳鸿业软件。作为新兴的地理信息系统与电网信息模型（GIM）的结合，主打轻量化的上海葛兰岱尔近来也崭露头角。可以说，在中国工业软件中，面向 AEC 的软件算是跟随国外品牌跑得最接近、咬得最紧的一个领域。

在建筑、工程设计和施工（AEC）之外，工厂的设计，尤其是石油化工、电力和海事（PPM）等领域的基础设施设计，属于非常专业的范畴。建筑、工程设计和施工行业的供电、通风、土建以及给排水等设计，在石化、电力和海事等领域却只是一个开始。例如，在石化、电力、制药等行业，需要装备无数个大块头的反应釜和弯弯曲曲的管道，因此安全、控制都非常重要。于是，面向工厂设计的软件，就成为一个独立的分支。这其中的佼佼者包括 AVEVA 的工厂设计软件 PDMS，以及美国鹰图软件（已经被海克斯康公司收购）。与面向 AEC 的软件更偏重于土建相比，面向 PPM 的工厂设计类软件更重视工艺流程走向、设备与管道的布置，以及各类设备与管道之间的碰撞干涉检查与处理等。

AVEVA 公司最早起步于 20 世纪 60 年代英国剑桥大学 CAD 中心的项目，这也证明了英国大学与 CAD 软件、CAM 软件的广泛联系。政府拨款的软件项目在结束之后孵化出商业软件，这是相当常见的发展路径。

AVEVA公司软件的发展与机械CAD软件的发展，一开始并无差别。二者直到1977年才开始变得迥然不同。这一年，工厂设计管理系统软件成为一个划时代的产品。更准确地说，它开创了一个全新的软件分支。然而，这样的创新成果，在商业化的过程中还需要与另外两家美国企业分享。

美国鹰图(Intergraph)和本特利(Bentley MicroStation)是一对天生的冤家。鹰图公司有着CAD软件活化石的声誉，它是20世纪80年代的五大CAD软件厂商之一，其他四家都随着硬件产品与软件的分离而消失或者被收购。鹰图最早是从事印刷电路板(PCB)设计，后来借美国城市的地理数据化项目进入AEC领域。1981年，它与一家工程公司合作开发出工厂设计管理系统，并使之成为业内的一个常青树产品。

本特利是一个与之平行交织的故事。鹰图公司当时最重要的一个客户是杜邦化工公司，基思·本特利(Keith Bentley)正是天天使用这个软件的杜邦工程师。也许是感觉这样一个软件过于复杂，于是他自行重新开发了轻灵版的厂房设计软件，并成立了本特利公司。该公司推出的MicroStation低成本部署方案广受欢迎。鹰图甚至投资本特利公司，并一度成为后者重要的销售渠道。在软件发展历史上，低成本一向是促使行业产生变局的重要标志，MicroStation很快就抓住了个人计算机开始普及的机会，从小型机市场果断撤出，进入了个人机市场。[①] 与Autodesk、PTC、SolidWorks等机械CAD软件抓住了硬件变迁的浪潮一样，MicroStation也获得了时代对于创新者的嘉奖。经过复杂的变迁，它与鹰图发展成为最主要的竞争对手。再加上AVEVA，它们基本成为流程、电力、造船等行业最重要的三个工厂设计软件玩家。但时代进化也会产生裂痕，猛龙也会被吞噬。鹰图公司在辉煌时期经历了与英特尔公司复杂的官司诉讼，加上战略判断失误，开始走下坡路，在2006年被投资公司并购，并在四年后加入三维坐标测量公司瑞典海克斯康的旗下。AVEVA则在2018年被施耐德电气反向收购。至今，这三家公司之中，只有本特利保持了独立的发展。

---

① David E. Weisberg, *The Engineering Design Revolution*, 2006, http://www.cadhistory.net/toc.htm.

鹰图在后期也一度在电子设计自动化(EDA)领域进行耕耘,并最终将相关部门卖给了当前依然活跃的三大EDA软件商之一的楷登电子(Cadence)。这给人一种印象,一个集成电路板,似乎就是另外一座庞杂的建筑而已。其中布满各种微弱电流往返的超微通道,与北京、上海等城市的道路似乎并无不同。这种视角,能让我们更好地理解,为何工业软件一定是强大制造底层的基石。即使从同一个点出发,工业软件也有很多指向。鹰图公司不仅仅开发了厂房设计、电子设计自动化软件,在机械CAD软件市场也大有斩获。值得一提的是,这家公司是中端三维CAD软件Solid Edge的创立者。该软件现在成为西门子公司旗下的产品,品牌依然活跃。

需要考虑行业特性的管道设计软件,到后来都发展成为综合性的工厂设计软件。大量工艺和设备的知识,进入了工厂设计软件。世界变得复杂了,软件也同步跟进。人们看待世界的颗粒度,可以由软件固化。无论是精细的生物结构,还是宏大的宇宙空间,软件都能用伸缩自如的尺寸予以呈现。工厂设计,涉及厂房、机器、管道,需要实现智能建造。如果希望工厂建好之后,管道里的液体流动与想象中一样的安全稳健,那么就需要在实际安装之前,洞察管道液体流动的物理和化学机理。从设计师的想象到现场工人的操作是跨越时间和空间握手,只有软件才能完成这样的穿越和连接。造物者,起于心、成于手,只有软件才能实现在工程中精确地复制创意,一遍又一遍却不走样。

国内这方面的软件,与机械CAD软件有些类似,在设计端相对较弱,较难进入设计院。这个市场基本被前面提到的几个品牌产品所垄断。

但也有新的机会出现。数字化交付,让这个市场重起波澜。以前的设计、施工方、主机厂等都是各管一方,前后跨度很长时间,又经过多方交接,最终业主接手的时候,一切都是以文档作为交付物。当设计院完成工艺设计和工厂模型设计之后,软件工具设计的三维数字化空间,重新降级,以图纸文档的方式,进入建造方。在多种现场的更改(往往也不再通知设计院)之后,整套资料以卡车为单位,一卡车一卡车交到运营方手中。这中间涉及大量的数据断点,成为石化行业最头痛的"数据黑洞"。

这给国内一些做模型重构的软件公司如达美盛、中科辅龙、图为、绥通等，留下了重新打穿数据通道的机会。如果能够建立一个数字化集成平台，将设计、采购、施工、调试等阶段产生的数据、资料、模型，都以标准数据格式提交给业主，将是一种完美的交付方式。这就是工厂的数字化交付。达美盛软件公司采用了构建数字流道的方式，从最初的源头开始规范数据的形态，并且将工程建设过程中产生的对工厂运维有用的信息（三维模型、文档、数据、图片、音频等）收集起来，并建立彼此之间的关系，方便业主用户在运营期间使用。

数字化交付平台是一个数据容器，它让业主建立起驾驭项目早期的能力——这块能力以前往往并不完整。借助于数字化交付平台，业主建立跟设计院对等的数字化工具能力，接收最早的3D模型和设计意图。设计院和工程公司，则需要提供合乎标准、有一定深度的3D模型。对于施工方而言，数字化交付平台可以与项目管理软件连接，保存了施工现场的细枝末节——很多更改操作对后来的运营至关重要。至于设备方主机厂，则可以提供设备参数、运行工况等。即使是试运行的试验数据，也会提交到平台上。在数字化工厂应用中，工业软件还可以将运维实现三维可视化，将人员定位、现场传感器数据、控制系统等都快速接入系统，并连入中控室。工业现场的数据被激活，信息流变得透明起来。

做数字化交付平台的这些企业有一个共同的特点，那就是对设备特性和建模非常熟悉，对数据的格式转换也有很好的驾驭能力。毕竟，就像在手术室缝合伤口一样，对数据工艺特性的了解，决定了数据连接的精度。

在中国基础设施建设狂飙猛进的背后，有一个国内市场特有的三边工程现象，即边设计、边采购、边施工。三边工程虽然备受争议，却屡见不鲜。这一方面与工期计划安排过紧有关系，另一方面也是与信息流通不畅有关。数字化技术，正在扭转这样的局面。那些被切断的数据，正在被重新连接。

当前，石油化工、煤化工等行业都正在尝试推进工厂资产管理，设备数字孪生的建立是首当其冲的任务。它往往需要以工艺特性为基础，建立高保真的物理模型。在这背后，正是依靠数字化交付作为一个全生命周期的支撑。

长江从青藏高原唐古拉山脉出发，一路向东，奔向大海。可以有分叉，可以有快有慢，但不曾中断。这似乎是一个数字化企业的数据流的隐喻。

数据流就像是长江，从设计源头，一直到最后业务期，不曾中断。数字化交付正在成为这条河流的河床，数据由此能前后连接，这让人们重新找到了对抗数据黑洞的希望。

工业软件，总是隐藏得很深。宏伟的厂房，令人仰视。背后的工业软件，经常被一笔带过，甚至无人知晓，但它却是人类知识最好的传承。造物者的本意，由软件实现了精准复制。

1.3 V形山谷之旅：工业正向设计

讨论工业软件时，如果不谈基于模型的系统工程（MBSE），那么就偏离了主战场。MBSE是支撑复杂工业品开发的一种方法论和系统观。MBSE向来都是工业软件战场上最拥挤、最热闹的兵家必争之地，有重兵屯扎。

MBSE以模型化的描述方法，重写了一遍系统工程的传统Vee模型。它就像是两个半山坡，左侧自上而下地分解，以及右侧自下而上地合成。它是以建模语言、方法论和工具作为MBSE的三大支柱。其中工具，正是体现在工业软件上。如果把MBSE的经典“V形”看成是一个有深度的物理峡谷，那么从左到右，处处都是工业软件驻扎的大本营。从这个意义而言，这个V形，代表了工业正向设计的思维。与其说它是一种方法论，用于指导开发设计，不如说它代表了一种高级的工业文明。

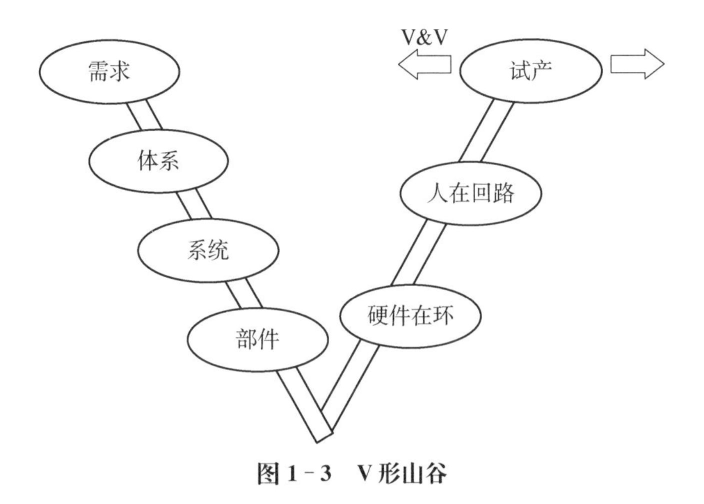

图1-3 V形山谷

1.3.1　V形山谷的左坡

让我们从这个V形山谷的左端出发。

首先碰到的是需求管理。产品源自个人的创意。越是颠覆性产品,越是难以从传统的经验中去寻找。对于复杂的产品,则需要有好的"概念处理"方式。但它不能只是用Word记录的纯文本,它需要有一定的结构,尤其要解决多人协同的问题,如需求的链接、跟踪,协同开发,多视图等。这就需要一套需求管理软件。在这个方面IBM公司的Doors软件占据了统治性市场地位,其他软件有Cradle、宝兰公司Carliber等[①],还包括Jama、Goda等偏项目管理级的软件也可以使用[②]。国内软件则有索为公司的Sysware.ORM、安世亚太公司的Sys.RE等。

在需求管理阶段,往往会碰到工程开发的一个令人头痛之处:需求永远是模糊的、主观的和易变的,它就像是成人对童年遥远的回忆。需求管理软件,就是打算对这样的随意性进行管控。从专业性来看,Doors软件专注于需求管理,达到了细致、专业,但是其技术架构较老,面对当前越来越复杂的产品,可能会有为难的时候。最近几年,国外的一些公司非常强调设计思维,即突出创意设计,这意味着"需求牵引产品研制"。拉长到整个生命周期来看,这超出了Doors软件本身能力的范畴。这也是为什么一些CAD软件公司,会不断收购应用程序生命周期管理(ALM)软件,后者实际上类似于项目管理系统或者是代码托管平台等。例如,西门子公司在2015年收购了Polarion公司,而PTC公司则在更早的2012年就吞并了同类软件Integrity,该软件被很多汽车行业企业用来管理嵌入软件。

然后是系统建模,对系统架构进行整体描述。最常见的软件是IBM公司的Rhapsody和MagicDraw,后者已经被达索系统收购。国防军工、航天航空等领域,涉及多种子系统、零部件之间的交互以及各种物理化学的反应,因此需要用一种大系统的胸怀,超越细节的纠结,完成一个系统的整体

---

① 安世亚太:《需求管理软件的国产应用替代在线研讨会》,2020年11月21日,http://www.doc88.com/p-99929085819827.html。

② 优亿2在线:《2019需求管理软件市场:顶级关键厂商——IBM、Goda软件、Jama软件等》,2019年7月11日,http://www.ln632.com/474.html。

建模。系统建模简化了细节，只从鹰眼式俯瞰功能划分、结构分解、行为规范等。这种无关乎软件实现细节的视角，让顶层架构师可以放松束缚，专注于最重要的功能和逻辑。对于一个模型驱动的产品开发——这通常被认为是数字化转型的一个重要前端，基于模型的系统建模至关重要。美国的F22、F35联合战斗机都采用了Rhapsody作为系统建模工具。随着机电软体化的泛在，在通信、医疗、汽车和消费电子等领域，系统建模都成为全知之眼。Rhapsody最早源自美国I-Logix公司。I-Logix公司为美国军方的装备发展提供系统建模软件，尤其擅长嵌入式软件。2006年，I-Logix公司被更偏重于电信领域的瑞典同行Telelogic公司并购，这种融合使得Rhapsody拥有了广泛的产品线应用。2008年IBM公司收购了瑞典Telelogic公司，但受到欧盟长达一年多时间的审核。美国军方背景的Rhapsody软件，去欧洲转了一趟，两年后回归美国。NoMagic公司则同样从美国走进欧洲，2018年被达索系统收购，其核心产品MagicDraw可以用于系统建模领域和业务架构的开发。

走完需求和体系这两级台阶，就来到了一维（1D）建模的世界，也就是系统级仿真。在工程师们最擅长的学科，软件登场了。机械、液压、电气等各个学科都有自己的建模仿真工具。在这个台阶上，更多需要解决的是时间响应的动态特性，而不是具体的物理空间尺寸。因此这个时候的仿真，并不需要高保真度。在系统工程的世界里，有各种开放标准和语言，例如产品模型数据交互规范（STEP）、Modelica建模语言、功能模型接口（FMI）、需求交换格式（ReqIF）或生命周期协作开放服务（OSLC）等。例如，常见的Modelica语言派，包括处理能源系统的Saber软件，处理流体的西门子AMESim和Flowmaster软件（2012年被Mentor公司收购）等。与AMESim相竞争的德国ITI工程公司的SimulationX软件，在2013年被法国大型专业仿真技术公司ESI集团收购。当时ITI只有区区540万欧元的收入[①]。这也反映了工业软件的特点，大部分公司的收入都并不高。如果单纯从

① “ESI Group acquires ITI GmbH to add 0D/1D to its offering”, Jan 6, 2016, https://schnitgercorp.com/2016/01/06/esi-group-acquires-iti/.

GDP的角度来看，这貌似是不值得扶持的行业。花费力气大、周期长、投入大，结果却没有多大体量。它们最后往往成为大公司的猎物。当捕猎者吞并了越来越多的小公司之后，会发展成为平台型公司，这也让小公司反击的余地越来越小。

这样的小公司有很多，例如瑞典Dynasim AB公司。它的Dymola作为一个多学科系统的仿真软件，在热系统中尤为突出。1996年丰田汽车研发普瑞斯车型的电气动力总成系统的时候，Dymola软件曾起到了重要作用，Dynasim AB公司也因此被丰田注资。[①] 2006年Dynasim AB公司被达索系统收购。Dynasim AB公司的创始人是一位瑞典教授，他更大的成就是在1997年创立了Modelica语言规范，开辟了系统建模领域的独特一派。这看上去是软件的突破，但软件的底层向来都是数学。20世纪90年代初，数学领域终于突破了微分和代数的统一求解，统一了微分代数方程(DAE)。机电领域的多体系统，恰恰是一个标准的微分、代数问题。数学打破石头大门，软件豁然开朗一片天。Modelica语言随即诞生，它正是为了系统级的多学科联合仿真而面世。它源自欧盟的一个项目，以解决机、电、液等联合仿真的问题。当时一维建模仿真还并不流行，仿真仍然需要采用Abaqus或者ANSYS等相对笨重的三维仿真软件去实现，用时非常漫长。

十年之后，基于Modelica语言的软件高速发展，并迎来了被并购的高峰。国际上大的软件巨头都认识到这种软件的重要性，国内在这个领域则创造了苏州同元MWorks等。这里也涉及大量面向行业如风机、电动车等Modelica数字模型库，如南京远思智能(Simtek)就在开发类似的基础库。在这个流派的软件中，有的基于机、电、热等模型库的丰富性，是一个很重要的竞争力。工业软件的胜出，已经超越了靠单兵作战的时代，目前很多都是依靠伙伴前行，成为一场生态系统之间的征战。围绕达索系统收购的Dymola软件就形成了一个生态系统，里面生存着很多专门开发模型库的公司，如TLK、DLR、Claytex等。其中瑞典的Modelon是佼佼者，在Modelica

---

① 谢东平：《请问Dymola软件一般用来做哪方面的研究？如何上手?》，2019年1月25日，https://www.zhihu.com/question/20587344 Dymola作为支持通用仿真语言Modelica的软件，可以进行多领域系统仿真，例如机、电、热混合的系统。

模型库方面颇有造诣。围绕着模型库，永远都是填不完的基础。这类基础模型库，如同牢固城防必不可缺的护城河。

对于系统建模仿真而言，整个系统和子系统的功能和逻辑，将在这里进行模拟仿真，以确定是否行得通。这中间多系统的数据接口，也需要像诸如世冠 GCAir 软件的开发环境来进行联合连接。2020 年 6 月因为突然断供哈尔滨工业大学而走出幕后的美国 MATLAB 软件，正是蹲在这一层的小霸王。它可以发出控制信号，与其他软件形成多学科协同，成为事实上的工程计算标准。因为围绕 MATLAB，一个庞大的生态已经构成，各个软件相互穿插耦合，这正是它最核心的价值。当然，MATLAB 的偏微分方程求解能力很强。软件强大，其核心在于数学。

上面的模拟，可以简单地认为是没有尺寸、只有时间的逻辑世界。沿着 V 形山谷左侧继续往下走，就进入了真实对应物理世界的数字世界。例如，一辆汽车的轮胎、发动机，具有了尺寸、材料和形态特征。这正是最常见的计算机辅助设计（CAD）和计算机辅助工程（CAE）参与的环节，即用 CAD 软件进行三维或者二维的空间尺寸描述，再用 CAE 软件进行模拟仿真。这里有大量的 CAD 软件参与。如广州中望、苏州浩辰等开发了机械类 CAD 国产软件。美国的 Cadence 则开发有 EDA 软件。国内的华大九天、概伦电子、上海芯和半导体等，也开发出了 EDA 软件。在 CAE 专业仿真领域，有 AVEVA 的电气仿真 IGE+XAO，流体力学仿真有 Fluent、大连英特等的产品。在云端 CAE 仿真领域，则有北京云道智造、适创科技等这样倡导普惠仿真的推动者。这类软件更加分散，各自分工也不一样。

如果把事物高度抽象化，有一种说法认为，系统级仿真可以看成是在零维至一维空间中进行快速建模，CAD 是在二维至三维空间之中完成几何尺寸的变化，CAE 则更多是在三维空间甚至四维空间进行更加细微的展示。

这个 V 形山谷下坡的最后旅程，往往需要一类多学科优化的软件，能快速连接 CAD/CAE 软件，寻求性能更优的设计参数方案。这方面的佼佼者有美国 Isight、比利时 Optimus 等。前者由美国麻省理工学院的一个华人教授创立，并在 2017 年被达索系统收购，而后者则被日本一家工业软件公司收购。市场上的工业软件锋利尖刀，就是这样一把一把地藏于鞘中。这些小公司的消失，不会引人注意，但人类工程和科学的智慧结晶会沉淀下来。这类软件也有后起之秀，如加拿大华人创立的 Oasis 软件，在人工智能算法上独树一帜，已得到了通用汽车北美汽车厂的高度肯定。

在这个过程中，物理结构在三维仿真阶段已经出现，在底端则更多需要考虑可制造性、可装配性和可维修性，这就是面向制造的设计（DFM）软件的天地。沿着系统工程的 V 形山谷左坡走到这里，就来到了 V 形的谷底。反弹的时刻到了，物理样机、测试等正式接棒。沿山谷的右坡向上爬，物理实体登台，“会砸到脚的东西”开始出现。

在这个创意不断落实、物理实体呼之欲出的过程中，信息筒仓也会越来越多。复杂产品的研制，会面临许多不同的软件和不同版本，这中间的格式转换是巨大的拦路虎，更有很多信息被隐藏起来。当不同专业人员在各自房间里奔忙的时候，四周的墙壁也悄然拦住数据流动的去路。一个能够承载各种软件的集成研发平台，变成了迫切需要。空客公司率先行动起来。在 2000 年，空客正式启动了巨无霸客机 A380 的研制。在此之前，空客公司其实更像是一个欧洲联盟队飞机制造公司，德国、法国、西班牙等研制机构之间的联系是比较分散的。这给客机的研制效率带来了很多阻碍。在 A380 的研制过程中，空客公司重新建立了一个完整而统一的研发平台，彻底地整合了此前分散的制造资源，将各国的技术标准和质量体系，汇聚在一起，变成空客真正的基因。在这个研发平台上，后续机型的开发，就变得很轻松。尽管 A380 最后被证明是一个失败的客机，但它的研发平台却成为空客研发的宠儿。实际上，后续型号 A350 能够快速开发出来，正是得益于这样的平台。A350 成为空客抵御波音 787 的利器。

集成研发平台，就是建立一套面向管控设计过程的集成研发环境。它要求整个过程中的任务流程、工具、标准规范、数据，以及相关联的工程设计数据库等，都在一个平台上完成流转，而且还要与既有的信息化系统相融合。

担负着商用飞机发动机开发的中国航发商发公司，已落地实施构建集成研发平台。作为一个多年来一直为航空航天提供集成环境应用的公司，索为系统提供了多方案管理、数据接口、插件分析、共性设计的解决方案。中国航发商发发动机的集成研发，已经围绕发动机各部件系统建设了 200

多个流程模板、800 多个活动模板、500 多个工具模板。通过集成平台的应用,基本实现了设计过程可控,实现了设计活动规范化、工具统一化、数据结构化、过程知识化和效率高效化。由于通过对专业软件和设计方法的集成封装,在部分专业设计上减少了设计操作步骤和数据处理时间,降低了人为出错的可能性,大幅提高了设计效率。如涡轮传热数据处理,过去依靠人工交互,完成模型数据前后处理、数据导入导出,然后编制报告,约耗时 3 天,目前基于该平台仅需 1 个小时就可以完成,效率提高了近 24 倍;涡轮叶片强度分析,过去需要 2 天左右,目前仅需 15 分钟即可完成。目前已经有超过 5 000 项设计任务,在该平台上完成。该平台的知识加速器作用,正在彰显。就像飞行员的模拟训练器,新人的技能成长曲线明显加速,而研发时间则在不断压缩。

V 形左端结束,开始继续 V 形右端的旅程。

1.3.2 V 形山谷的右坡

为了爬上 V 形山谷的右坡,需要两个重要的概念,一个是验证与确认(V&V),一个是硬件在环。

基于模型的系统工程,即 MBSE,与传统系统工程的最大区别有两点。第一是"以模型为中心",取代了传统的"以文档为中心"。层层模型,逐次叠加嵌套,在左侧山坡。第二是全过程虚拟验证,在右侧山坡。相关的工具被称为验证与确认(V&V)软件,例如北京安怀信的 SimV&Ver 等。它需要回答仿真精度问题,将实验室的测试结果与仿真结果进行拟合。V&V 利用已经确认过的试验数据作为一个计量基点,用来判断仿真结果是否准确。要证明计算机的仿真是精确的,必须拿它与验证过的模型去对照。如果说一个工人需要用卡尺去测量零件,那么 V&V 就是标定卡尺的更高级测量工具。V&V 其实是一种知识复用的典型,企业需要通过积累 V&V 模型库构建自己的知识库,这是一笔巨大的企业财富。

硬件在环,则是 V 形山谷右坡的另外一个重要特点。简单地说,就是把硬件模拟器正式加入测试环境,软硬一体的实时机开始出现。例如,汽车领域的 dSpace，就是在 MATLAB 的基础上增加硬件，进行实时仿真。实时计算仿真系统 RT-LAB，则在电力领域长期独占鳌头。至于更广泛的控制和仪器仪表测试，则主要有美国国家仪器公司（NI）的 Labview 等。

实时仿真往往与仿真软件高度绑定。例如，Concurrent 公司的实时计算系统 iHawk、瑞士 Speedgoat 等都跟 MATLAB 密切相关，而 Speedgoat 正是 MATLAB 所在公司的前员工于 2007 年初成立的[①]。这再次强化了一种印象，工业软件的发展没有不结伴前行的。单独一个 MATLAB 或许不足为惧，但它早已跟其他各种软件、硬件连接成错综复杂的综合体。牵一发而动全身，这就是企业在更换工业软件时面对的最难问题，也是成熟软件在技术之外的更高级壁垒。

从这个角度看，以模型驱动的建模仿真与代码生成的软件系统，与硬件厂商形成类似当年英特尔-微软联盟（Wintel）一样的关系，交叉锁定，掌控了复杂系统产品的高端开发技术体系和手段。以汽车电控领域为例，全球著名的奥地利汽车发动机设计咨询公司李斯特（AVL），不仅提供发动机台架，也提供开发测试的 CAE 软件。其汽车系统设计分析软件，再加上德国实时计算设备 dSpace，一软一硬，几乎全面垄断了中国汽车电控正向设计研发技术体系。

从硬件在环而再往上一步，就是“人在回路”，也就是主观性能的测试，以及人体行为分析。就跟酿酒厂有品酒师一样，每个汽车厂都有很多试车员，他们要对诸如“脚踩下去没有劲是怎么回事”等问题进行回答。在当前开始走红的汽车模拟器中，可以回答上面这个问题。简单一点的虚拟驾驶器，可以模拟连人在内的物理样机动作。例如，三维实景的路谱由华为公司提供，硬件采模器是 Concurrent 公司的，而软件则是达索系统的 Simpack 等。更加细腻逼真的评估，则需要在一个大型的座舱里，汽车试驾员可以进行各种操控，如急踩油门、提高音响、猛打方向盘等，进行实时仿真。它往往需要提供轮胎模型、路面模型等，然后进行模拟。例如德国 VI-grade 就提供这类产品。一台小的模拟器需要上百万元，可以放在办公室里，一台多功能

---

① 上海熠速信息技术有限公司官网，https://www.yi-su.cn/speedgoatjj。

的模拟器则达到上亿元，需要专门的大厂房。德国宝马汽车公司专门有一座大楼，用于放置各种汽车模拟器。最常见的行为仿真，就是加入了硬件及驾驶者的行为。

一直走到物理验证，与模型完全一样的物理样机才开始登场。这个时候，可制造性已经达到一定成熟度。创意成型，制造的光芒即将四射。只有完成整个漫长的下坡、上坡的过程，才算是走完一条正向研发之路。而逆向仿制研发，往往只需要截取其中的一小段路程，甚至主要是在右坡栖息。工业软件不仅仅是一种工具，更是一把量尺，标定了正向研发的决心。

对于制造商而言，推动基于模型的系统工程（MBSE）需要一种前瞻性的视角，这是向数字化转型的关键一环。美国国防经费在全球遥遥领先，是其国家竞争力的重要保障。如美国国防部采办涉及研发、制造、维护，大约有 16 万人①，其中近 30％的人员都是系统工程师。未来的设计，是系统性思维的考量。没有 MBSE，庞大的武器装备制造是不可想象的。

MBSE 无论是在方法论、建模语言和规范方面，还是工具软件方面都已经很成熟，唯一欠缺的是人员不足。对于复杂产品的研发工程师而言，MBSE 应该成为一种基本的门槛技能。很多工业软件公司的战略，就是遵循 MBSE 的 Vee 模型进行布局。例如西门子软件的战略布局，可以说是试图填满整个 Vee 的山谷，这让并购软件的目标锁定变得十分容易。工业巨头们也加紧了推动 MBSE 在企业的战略位置。全球军火商洛克希德・马丁公司的数字化转型，可以说就是从企业内部推动 MBSE 开始。2005 年，对 MBSE 非常热心的洛克希德马丁公司董事长选定了 MBSE 专家，开始在所有的制造流程中推动 MBSE 的落实。十五年后，据称这项庞大的工程，已经完成了 40％左右。

1.4　制造全过程

制造其实是一个漫长的旅程。它的起点和终点，看上去一成不变，但其

① 美国兰德公司：《美国国防部采办队伍分析报告》，2018 年。

实在不停地移动。智能制造两端之间的距离则离得更远。智能制造的起点并非是车间,也不是研发部门,而可以是更远端。智能制造其实包含了生产支持系统的智能建造——从工厂的天花板到生产线的布局,一直到机器开始正式运转。这是一段没有足迹的虚拟旅途。正是无处不在的工业软件,让制造可以在数字空间中提前模拟进行。

1.4.1　全球视角的大物流规划

对待全球化之下的制造,需要具备全局构思和全球视角。无论是设计创新,还是国际化布局,抑或工厂现场力驱动,都离不开工业软件。例如,一家企业建立了一个复杂而多产的全球制造体系:有6家工厂生产和发运20多个产品系列的75 000多个SKU(库存单位)。为了满足一年60万份左右的全球订单,这些工厂依赖于1 000多台设备、数十条连续流水线。在某些情况下,不同地点生产的类似产品还需要不同的产品“配方”。如何规划这种有大量进出的订单?

这涉及一类销售与运营计划(S&OP)软件,行业内也称之为“大物流计划”。它超越了一个工厂的范畴,是根据全球的制造能力分布考虑海、陆、空的实际运力和成本,再设计物品的移动轨迹,最后决定不同工厂的排产顺序。

所谓大物流,是指外物流,例如从欧美转运至中国,走海陆空,还是走陆,是在新加坡,还是在上海洋山港转运等,是基于运力、运量、集约分发、运费、路径、运期、工期、批量等的离散事件约束求优化规划的问题,而不是仅仅指厂内生产物流与定班工期生产排程等。大物流的转运,需要考虑苏伊士运河或者巴拿马运河,更需要跟地理位置结合起来,通过数字地球提供基于位置的服务(LBS),计算路径和成本。陆路与海路的权衡,大船倒小船的选择、是在新加坡还是在洋山港,数十万吨标准集装箱是否分头运输等,这些都是大物流需要考虑的问题。

针对全球视角下的物流规划,美国FlexSim公司开发了FlexSim软件,可以完成全球模型的模拟,帮助关键决策的制定。此外,达索系统的

Quintiq、西门子的 Plant Simulation 也是这类物流建模的软件。大型工业软件商在这些领域将市场切分得非常精细，在全局视角的物流规划系统之下，进一步通过不同的软件来加强现场管理能力。例如，达索系统在 2013 年以 2 亿美元收购的 Apriso 和在 2014 年以 2 亿欧元收购的 Quntiq，都是用于供应链优化和高级计划排产，而在 2016 年收购 Ortem，则进一步巩固优化了生产运营的管理。如果仔细观察西门子和达索系统在这段时间的并购行为，会发现二者具有高度的回声效应。二者各自努力的信号都被对方捕捉，并产生了积极的回应，往复震荡不止，昭示着制造系统大整合时代的到来。

在整个数字化工厂的体系中，可以有一个复杂的模拟模型，将订单、客户位置、工厂、成本、机器性能、生产线产能等，都完整地联系在一起并实现仿真。这是一个值得期待的数字化工厂的世界。

1.4.2　生产线布局背后的代码跳动

工厂里的机器摆放，是一门大学问。它需要从工厂的全局，来思考业务逻辑、物流及生产工艺。借助厂房布局或者生产规划软件，可以对各级工序的材料流进行建模，从而实现厂房级的优化。

这需要对工厂进行大工艺设计，包括机器生产线的布置、大门的设置、物流的进出通道、线边库的布局等。当然，也包括对人进出的设计。

机器、穿梭补料的运输设备等布局，与整个生产线的工艺路线有着密切的关系。例如，同样一台注塑机器，放在不同的厂房，进入不同的车间，机器的布局方式就可能会发生变化。更重要的是，规划师需要对各种工艺、装配规划等进行模拟仿真验证，即模拟整个生产制造过程，在投入生产前验证结果，并生成清单报表和指令等。

这种生产线的工艺仿真，显然需要对机器本身有着更多的认知和数据来源。20 世纪末，以色列的 Technomatix、美国的 Deneb Robotics 等专业的生产线工艺仿真软件公司进入了市场。汽车行业对它们厚爱有加，纷纷采用，大幅促进了这类数字化生产线工艺仿真软件的发展。由于现场机器的数据需要设计参数，机械 CAD 软件厂商很快意识到这是一块不可丢失的阵地，于是纷纷进入这个领域，前面提到的两个厂家也分别被收购。CAD 软件厂商借此越过了原先的机械设计软件边界，开始在生产车间和厂房之间逡巡。

更有意思的是对人员流动的仿真，例如 AnyLogic 仿真软件。这个面向行人仿真的软件值得关注，因为终于在工业领域看到了一种来自俄罗斯的软件。它可以实现系统动力学、离散事件、智能体的建模仿真，广泛用于机场、博物馆、地铁等人流密集的地方。面向人的仿真需要深刻了解人的行为模型。人的行走会受到自激励机制的影响，比如总想超越前面的人等。这听上去很简单，实际上工厂现场的事情会复杂得多。

复杂产品的订单突然增加，往往是令人苦恼的蜜糖。例如飞机的增产，就是一个复杂的过程，因为它需要重新评估生产线的影响。由于产量低，许多工作单元一般都是定制化的，部件生产又都在不同地域，所以飞机生产的抗干扰能力其实很差。扩产往往会使得飞机生产周期增加。

为了应对这种变化，欧盟发起并资助了“自适应生产管理项目”（ARUM），着重增加飞机和造船行业的新产品开发能力。空客公司也加入其中，在德国汉堡的装配流水线（脉动生产线），会完成对 A350 客机机身两个不同部位的装配。它包含 6 个装配站，每个装配站包括 30—35 个员工和约 300 条的工作指令。所面临的挑战是这个生产线的生产力会随着时间推移而增长，整个增产周期持续两年。在这里，每个装配站都被看成是一个智能体。那么，如何仿真这个过程、修正人员的操作、下发事件指令，以适应增产带来的变化[①]？作为自适应生产管理的一部分，必须有仿真软件，使得参与者能够再现真实的生产环境。AnyLogic 仿真软件凭借自己基于智能体及离散事件的混合建模优势而成功入选。实际上，它的所属公司也有很多排产、在制品策略管理等软件。工业现场会有很多特殊的场景和工艺需求，于是也有意想不到的软件来迎合需要。

除了 AnyLogic 之外，其他人员仿真软件还有 STEP，以及来自英国的

---

① AnyLogic 公司官网：《飞机增产阶段的管理策略分析》，https://www.anylogic.cn/analysis-of-management-strategies-for-the-aircraft-production-ramp-up/。

MassMotion。值得一提的是，后者参与了北京大兴国际机场的客流仿真。大兴机场每年要为 4 500 万人次提供服务，人员流动与紧急疏散是必须要考虑的问题。

与此同时，物料流动也需要仿真。在精益体系中，物料是最有讲究的一个环节。物料的位置、存量，背后都有着深刻的效率密码。可以说，物料是浪费程度最显眼的刻度尺。一个工厂内的物料往往会通过仓储管理系统（WMS）软件，与立体库、运货小车、叉车、托盘等物料设备进行交互吞吐。对原材料、半成品、零部件、在制品等进行空间大挪移的时候，需要用一套严格的生产计划信息流实施主宰。

那么，这套每天奔腾不息的物品洪流，最早是如何从设想变成现实的呢？

一家企业的物流设计，往往是邀请专业的物流咨询公司来进行。各种物料流动的设计核心，其实是对离散事件的仿真，最常用的软件是 Automod，以及 Flexsim 和 ProModel 等[①]。Flexsim 使用方便，在大型仓储物流方面得到了广泛使用，如京东商城的立体库房，在一些相对简单的工厂中也有不少应用。大型的装备制造业企业也表现出了对这类软件的偏爱。物流仿真软件 Automod，其实是美国最大的半导体设备制造商应用材料公司旗下的。早在 2006 年，应用材料公司就以 1.25 亿美元从一家自动化公司手中购买了此物流仿真软件所属的公司，以加速对半导体行业柔性生产力的支撑，避免昂贵和高度定制化的生产线方案。设备制造商旗下拥有商业软件并不奇怪，日本三井造船厂自己开发了一款类似的物流仿真软件。[②] 这也折射出日本软件的一个发展特色：在垂直领域，总是会有令人意外的专业软件。

来到生产线现场，就既涉及物料运输，例如传送带，也涉及人的行走、自动引导车（AGV）、蓝区和红区等。生产线是设计出来的，生产线布局正在

---

① 王峻峰：《仿真系统与软件- quest》，2018 年 1 月 26 日，https://max.book118.com/html/2018/0120/149779877.shtm。

② 《生产仿真系统软件知多少》，2019 年 1 月 4 日，http://www.360doc.com/content/19/0104/07/31667578_806393196.shtml。

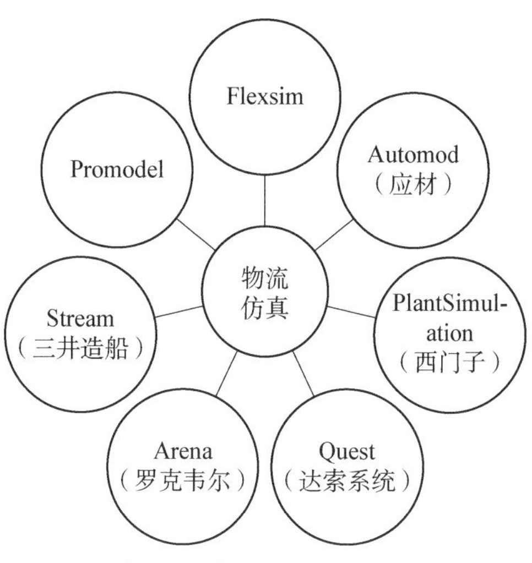

图1-4　部分物流仿真软件

被当作一个“数字化产品”进行设计，建模、仿真都是必不可少的。无论是环形线布置，还是平行线布置，各种工位、传送带作为输入条件之后，就可以开始计算。大型工业软件公司也会提供物流系统仿真分析工具，例如达索系统的Delmia Quest和西门子的Plant Simulation、库卡的Visual Components等。其中，Quest作为一款物流仿真软件，是在2000年达索系统收购Deneb公司时获得的产品之一。西门子的Plant Simulation也有着类似的故事，由西门子旗下的UG公司在收购Technomatix时获得的eM-Plant进化形成[①]。

对于自动化供应商而言，需要将自动化与机器更加紧密地结合在一起，因此会有更高的积极性来推动这类软件与自动化系统的融合。这解释了为什么早在2000年，美国罗克韦尔自动化公司收购了以建模仿真为特长的Arena软件所属公司，原公司的55名员工被并入罗克韦尔自动化公司软件部门，并一直保留至今。如今回想，21世纪的第一个年头，至少发生了三起不太显著的并购事件，都与工厂生产线仿真有关系。这表明，在21世纪之初，物流仿真系统就成为数字化生产线的一部分。从那个时候起，自动化与

① 智能制造之家：《从虚拟调试到工厂物流规划仿真，带你全面认识西门子Plant Simulation》，2019年12月19日，https://www.shangyexinzhi.com/article/380028.html。

软件的关系开始变得紧密。昔日的竹芽发节，在十五年之后借助于德国工业 4.0 的全球化推广而终于砰然作响，让无数家工厂都能听到。

如果规划师是人因工程的爱好者，需要将工位设计得更加符合人性，减少疲劳感，那么他还可以使用一家德国公司的 Ergonomic 软件进行工位评测。

从实施角度而言，机器生产线布局需要跟另外一门博大精深的厂房内部管理学——工业工程相结合。多年来，作为自动化与工业工程相结合的一颗硕果，生产线的优化布局已经发展成熟，基本成为厂房标配。然而，随着包括物联网在内的数字化技术的发展，这种对机器、工位、物料、人员的布局与仿真，又有了更加有力的工具。

工业软件就像是悠然自得的光线，从厂房的天花板照下来，淌过一条条生产线，伴随着立体库中物料的流动，弥漫了整个工厂。当厂房与生产线完成建模之后，就可以进入机器仿真调试的环节。

1.4.3 现场机器调试，可以快一些

机器布局就像是一曲在数字空间编排好的旋律。每一台运进厂房的机器就像音符一样，只需要安置在五线谱的对应位置就可以。在乐曲的每个小段落之前，是弱音 P 还是强音 F 早已经被作曲家精心琢磨过。然而，机器落地之后，就像演奏家们需要拿出自己的乐器进行合奏尝试那样，还需要对现场机器进行调试，包括自动化、电气、机械装置都开始磨合。各种组态，机器联调，直到整个生产线上的机器联动起来。然而，工厂的机器调试远不如乐章演奏那么令人愉快。恰好相反，这是一个耗费心力的苦差事，大量优秀的工程人员在这里留下无数的汗水。许多似乎打不开的死结，成为现场工程师的梦魇之一。

如何让现场的调试时间变得更短？最理想的方法是，一条生产线、一台机器，就像是一个 USB 插盘一样，插入即可使用。这种理想的插拔式工厂，成为生产线模拟仿真的最高境界。为了做到这一点，需要在前面布局生产线的时候，加入各种设备的具体参数，对实时场景进行仿真模拟。它把控制

系统 PLC，或者一个线缆的铭牌参数，都做成边界条件，输入仿真系统。一言蔽之，生产线就像产品一样，被精密地设计。这是传统自动化厂商所陌生的环境。而作为机器的控制系统与连接者，以及物料的驱动者，自动化厂商被期望再往前走一步。在数字化时代，则加剧了这种倾向。

西门子公司在 2006 年收购了产品生命周期管理（PLM）厂商 UG 之后，拥有了生产线布局的仿真优势，之后又进一步延伸到机器虚拟调试。这给其他自动化厂商带来非常大的压力，尤其是像美国罗克韦尔这样体量相对小的自动化公司。最近几年，罗克韦尔公司有两步棋值得关注。第一步是投资 10 亿美元入股美国参数技术公司，以换取一个战略绑定，既加强对机器设备的物联网连接能力，也加强与其他机器数据的连接。第二步，则是在 2019 年初，收购了一家从事数字模拟的工程软件开发商 Emulate3D。这次并购的投入并不算大，但对机器进入数字空间来说则是意味深长。使用该软件可以建立简单的工厂模型，但其重点是可以与控制系统进行连接，实现虚拟控制。也就是说，它虽然不能进行工艺仿真，但可以进行基于控制的仿真。Emulate3D 作为一种可编程逻辑控制器（PLC）仿真程序，正是罗克韦尔自动化公司需要补充的短板，可以为 PLC 和其他控制系统建立起虚拟调试的仿真空间，查看程序逻辑和结果。[①②] 有意思的是，这家公司原本是罗克韦尔的合作伙伴。吞并小伙伴，在软件生态领域是很普遍的现象，这种联合算是水到渠成。另外，德国机器人公司库卡（KUKA）收购的芬兰 Visual Components 软件集三大功能于一个平台：离散物流仿真模拟、机器人离线编程、PLC 虚拟调试。基于仿真模拟软件，不少企业重新开发形成自己的品牌产品，如库卡机器人的 SimPro、北京中机赛德机器人虚拟仿真系统 VisualOne 等。

也有一些独立厂商如工业物理公司（Industrial Physics），既可以直接导入 CAD 模型，同时也可以虚拟测试 PLC，形成 PLC 的数字孪生。但不知道

① X先生-小智：《聊聊自动化巨头罗克韦尔的软件家族》，2019 年 8 月 12 日，https://zhuanlan.zhihu.com/p/77797130?from_voters_page=true。

② 诚创科技：《工业巨头罗克韦尔的软件全家桶，RA 的数字化之旅》，2020 年 10 月 16 日，https://m.sohu.com/a/425135383_722760。

这样的公司能够独立多久,也许很快就会成为自动化厂商吞并的目标。

最后,虚拟调试的结果,将作为真实的代码,直接下放到控制器,现场的调试时间会大幅度缩短。这意味着,自动化厂商通过扩充控制器仿真软件进入了数字化生产线。虚拟调试也是每一台机器数字孪生得以发展的重要基础。如果缺乏有效的控制手段,数字孪生就只能成为一个没有提线的木偶。

四川有一家焊接装备工程公司,为汽车车身提供自动化焊装线。这家公司在欧洲汽车厂的一个生产线项目中,实现了全面数字化生产线虚拟调试。在虚拟调试和远程安装指导下,设备直接被运输到厂区并实现一次调试成功,大幅缩短了调试时间。生产线的数字孪生,有了越来越坚实的基础。

在流程行业,这种虚拟调试则是非常普遍的。例如施耐德电气 AVEVA 以 DYNSIM 为内核的虚拟调试与操作员培训仿真系统(OTS),就是在设计阶段对分布式控制系统(DCS)进行参数调校,调校后的参数可以直接下发到 DCS 系统。实际上,这种软件扮演着多种角色,它最重要的工作是动态工艺仿真,对温度、流量变化等动态过程进行提前仿真。以此技术作为仿真培训的计算内核发展出来的 OTS 也广受欢迎。当年 DCS 出现之后,为了适应这种控制系统,需要对人员进行培训,因此 OTS 也大行其道。此外,OTS 的出现,也推动了化工过程动态模拟软件的发展。

根据中国化工信息中心的亲历者回顾,20 世纪 80 年代末期化工部已经开始着手进行工厂控制操作优化的课题研究。南京化工研究院、化工部计算中心等都参加了这方面软件的开发。但受限于计算机硬件的约束,数据采用离线分析,后来发现这些软件和算法缺乏实际使用价值。即使软件利用离线数据算出了优化的工艺操作条件,实际工厂的操作条件却可能早已变化。可见,单纯靠数学模型无法推断出实际操作。当前也可能面临类似的问题,如果仅仅限于大数据的分析,限于数学模型的回归计算等,而缺乏对机理模型的研究,那么外延性的误差可能会很大。攻坚的重点,在于工业机理的本身。

从工厂建筑到生产线布局,再到机器调试,各种工业软件在发挥重要的作用，在数字空间里把虚拟的人、机、料的相关事宜安排妥当。当虚拟的验证结束之后，企业的生产活动可以正式开始，此前的种种推演很少为人所知。不懂工业软件，就无法透析工业智能化。

1.4.4　制造现场的运营、质量和自动化控制

当数字端的模拟运行完成之后，下一步就可以进入真实制造的环节。

让我们从最常见的制造执行系统(MES)开始。它是以机器为中心，向上到企业资源计划(ERP)、向下到人机界面的一个管理平台，是传统制造的核心中枢。它解决了物流计划与执行系统之间的关联。1997 年制造执行系统协会(MESA)提出的 11 个功能，是过去二十多年 MES 发展的基石。最近几年，大量普及的物联网和传感器、无处不在的数据采集和边缘计算，使得 MES 的经典框架遭遇到撼动。

在过去的发展中，既然 MES 处在一个中枢位置，自然就会有来自四面八方的加入。其中，有些来自 ERP 厂商的由上向下发展，如 SAP 公司的 SAP ME、用友的 JMES 等；有些来自自动化供应商，例如通用电气、西门子、罗克韦尔、浙大中控等公司；有些从下位机发展而来，如 Wonderware、亚控等公司；还有就是专注于 MES 系统的，例如德国的 MPDV 和北京兰光等。在当今的物联网时代，大量从事数据采集和从事物联网的公司也跟着数据的洪流挤进市场。MES 是工厂制造系统的一块重要基石。例如，西门子作为自动化巨头，其软件部门基本全是依靠收购而建立。从 2001 年至 2016 年，西门子在 15 年间一共花费 110 亿美元，收购各种软件企业大约 20 家，其中 MES 相关企业就有 8 家。彼时，正是西门子“2020 愿景”发布的时候，电气化、自动化、数字化被分为三类阶梯。可以说，依靠这段时间的并购，西门子公司基本完成了在 MES 上的布局。

然而，这类软件最大的特点是散、专、小。由于它与行业特性绑定得非常紧密，而行业的工艺流程多变，因此这类软件中很少能够出现通吃的寡头垄断局面，而是在垂直领域各有千秋。酿酒、制药、水泥等都会有行业各自青睐的 MES 软件。

与MES相对应的高级计划排产系统(APS),是一类叫好不叫座的软件。APS以有限产能为出发点,理论上可以精确地统计每个机器的实际运转时间,细化到每天的生产班次,因此更贴近实际产能的排产计划。但由于工厂现场复杂多变,难以预测,因此尽管提出它的时间甚至早于MES,但它很少成为市场上一支独立的力量。日本的Asprova算是少有的独立APS软件。很多ERP、MES或者自动化厂商都会通过并购APS小企业来增加APS模块,作为一种排产的辅助。两种相反的力量,使得APS的下一步发展还有待观望:小批量订单,让生产调度变得更加飘忽不定;实时数据的加强,则让APS有了更好的发挥余地。

质量软件源远流长。20世纪20年代休哈特建立了统计过程控制(SPC),开辟了量化质量问题的先河,至今仍然深刻地影响着制造业的质量管理。除此之外,在质量追溯、供应商质量管理、成本管理、实验室管理等方面,有很多不同的软件。在大众汽车公司的一家主机厂,大概是分厂的规模,它的质量部门就有大约35种软件。①

在很多场合,MES软件中有单独的质量模块。随着质量手段的丰富,许多质量模块也有从MES软件解耦的趋势,因为这样可以更加精细地对具体的工装夹具等环节进行管理。这解释了为什么西门子公司在收购多家MES企业之后,于2012年又收购了瑞士质量管理软件公司IBS。随着当前MES的范畴扩大到制造运行管理(MOM),质量软件跟MES之间平行的现象更加明显。

质量人员通常将大量时间用于收集和统计数据,但不可避免仍会存在很多的数据断点,成为影响质量的重要因素。因此,测量工具的数据自动进入质量软件以便进行分析,是数字工厂非常重要的环节。让我们看看海克斯康公司的变化,对理解质量软件与硬件的捆绑会很有帮助。作为一个三坐标测量仪昔日先锋的瑞典公司,它在吞并一系列同类公司如美国B&S、徕卡等之后,发现了测量与软件难以拆分的奥秘。随后,它将大部分的并购

---

① 王永谦:《中国工业管理软件如何突围?》,2019年11月11日,https://mp.weixin.qq.com/s/fYNHbbG8lcSrzAKX3i67SA。

精力，都花在了软件并购上。除去收购大名鼎鼎的仿真开创者 MSC，收购质量软件 Q-DAS 也是海克斯康公司画的一笔浓墨重彩。因为质量软件需要与诸多设备、信息系统匹配接口和进行数据交换，所以适配性是一个非常深的壁垒。发布了行业内事实上的标准——结构化质量数据格式，是 Q-DAS 软件得以称霸的原因，尤其是在汽车领域。因为它本身就是来自德国汽车制造界，它归纳了整车厂及汽车零部件公司对于质量数据的分析及接收标准，并把它们集成在软件中。[①] 收集知识，以软件承载，相互传递而不失真，这正是工业软件的魅力所在。在这方面，中国的质量软件如上海云质、清大恩菲等都有各自的市场。

管理工厂的质量数据是一件非常碎片化的事情，这给国产管理软件留下很多机会。例如清大菲恩、上海云质等公司经常会深度介入作业端，对数据采集的位置和机器进行定制化开发。这里没有太高的硬技术门槛，重要的跨过工艺的软门槛，而且对设备的深刻理解是必不可少的。

同一家公司的质量软件也会分层，以海克斯康公司为例，Q-DAS 定位在质量管理，相对宽泛；而 Quindos 和 PC-DMIS 都是与设备相对应的计量软件。Quindos 本来就是由美国三坐标测量公司 B&S 开发，定位高端，面向动力总成的复杂工作表面；PC-DMIS 则走相对低端的通用性。这种在细分工业软件领域中再次分层的方法相当普遍，例如美国军工常用的格里森机床，既有自己研发的高端齿轮软件，也有收购的英国 Romax 软件，就是为了适应不同市场的需要。

当然，为了更好地解决质量问题，仿真软件和数据分析软件也加入进来。此外，工业互联网带来的一个新命题是，当上游工厂的产品出厂检测，能否通过数据流自动进入制造商的质量系统，使得制造商无需再次做入厂检验。这不仅仅是软件的问题，而是涉及整个产业的生态，需要全新的商业文明。日本丰田最早建立的“供应链共同体”模式，是持股上游供应商，以保持紧密联系。现在，技术的手段已经准备完毕，在静等企业组织的思维转

① 中捷佳信企业管理咨询：《Q-Das 和 Minitab 软件有什么区别?》，2019 年 4 月 29 日，https://www.sohu.com/a/310919282_120125666。

变。只有对物联网时代的新质量有了全新的认识才能正确行动，净化整个供应链上的质量数据流。

深入落实质量软件的最大障碍，仍然是管理层的重视度问题。质量很难成为董事会的热门话题，质量的优先级往往排在后面。因此，质量软件也未像想象中的那样成为刚需。制药和食品等行业除外，因为这里有着严苛的质量法令。2020 年年底，流程石化行业的领头羊霍尼韦尔公司，花费 13 亿美元现金，收购了质量管理软件企业 Sparta Systems，而被收购的这家企业的销售额只有 5 600 万美元，市值与销售比达到了 23 倍。这是霍尼韦尔进军制药行业付出的成本。生物医药制造行业的质量要求非同一般，收购一家医药质量软件公司，基本就拥有了全套质量知识。这是工业软件背后的知识逻辑。

实际上，在质量审核、合规方面，也存在大量的质量管理软件。在这个领域，并购一直很活跃。很多私募基金会频繁并购小企业，然后再将其出售。霍尼韦尔收购的质量软件公司 Sparta Systems 曾在 2017 年被私募股权以 2 600 万美元并购，三年后卖出，溢价将近 50 倍。国外的工业软件市场，是一个资本非常活跃的市场，也许是因为它体量小却力量大。西门子工业软件的当家柱石 NX 软件，当年也是从一家基金公司手里购买的。后者只秉持一条原则，买好的软件，然后等待它升值。

计算机辅助制造（CAM）软件，尽管可以放在制造过程来讲，但它更好的位置，或许应该放在 CAD 软件中。因为数控机床基于利用 CAD 软件设计的图纸进行加工的时候，需要使用 CAM 软件对机床的数控系统进行编程。实际上西门子公司的 NX 软件，最早就是从 CAM 软件开始的。那个时候，数控机床刚刚诞生，大量的 CAM 软件迎风而起。CAM 软件是工件精度的重要保障，因为是它决定了刀具在加工表面上进退翻飞的轨迹。无论是飞机机翼的加工，还是苹果手机壳制造，都离不开 CAM 软件对刀具切削轨迹的预先规划。只有规划得当，工件才能得到精准加工。从这一点来看，CAM 软件是 CAD 软件和机床之间的桥梁。这也让人理解了为什么北京精雕机床当年能够进入苹果的供应商行列，因为精雕最早就是基于 CAM 软件发展起来的。这是中国少数在 CAM 软件领域能够脱颖而出的软件。

CAM 软件并不是一个大类，很多时候，它被 CAD 软件的光芒所掩盖。20 世纪 90 年代，CAM 软件迎来了大放异彩的好时光。英国的达尔康(Delcam)、以色列的思美创(Cimatron)等都是佼佼者。2010 年以后，由于制造系统集成的需要，CAM 软件开始被整体性并购。Delcam 被 Autodesk 收购，Cimatron 被一家 3D 打印机公司 3D SYSTEM 收购。海克斯康则一口气吞并了好几个老牌的 CAM 软件厂商[①]。刀具企业领头羊山特维克可乐满公司(Sandvik Coromant)也在 2020 年吞并了业内小有名气的 Esprit。曾经独立的 CAM 软件阵营，纷纷归降。而在 CAD 软件厂商如西门子、达索系统、美国参数技术公司的地盘，其 CAM 软件往往与 CAD 软件紧密捆绑在一起。这种努力随着智能制造的推进而在加强，甚至 CAM 软件本身的名称也在逐渐丢失，工业软件公司更愿意将其纳入数字化制造(DM)的范畴。

可以想象的是，CAM 软件市场充斥着大量的独步者。不同的加工方式，无论是铣削抛磨，还是切割焊接，抑或 3D 打印，工艺和轨迹产生方式是完全不同的[②]。CAM 软件只能按照按行业进行细分。国内上市公司柏楚电子，吃透了激光设备市场，占据 85%以上的市场份额，因此凭 4 亿元的产值，市值可以达到 200 多亿元。虽然市场上的 CAM 软件多如牛毛，但很少有能够通吃的。找准一个细分领域，慢慢积累经验，会更容易找到好的发展机会。

值得一提的是，再强大的 CAD 软件或 CAM 软件，也离不开两家主要的 CAM 软件内核厂商，那就是德国的 Moduleworks 和 MachineWorks。前者占据了绝大部分市场，各种数控系统、CAM 软件或者机床厂商，基本都是这家公司的客户。Moduleworks 有 200 多人围绕着路径优化、刀具轨迹在从事工程计算，其中 75%的人是开发人员。

当前进一步发展的趋势是，CAM 软件正在进入机器人编程的领域。传统机器人的机械臂空间移动轨迹比较简单。最常见的机器人在汽车涂装

---

① 凤凰网青岛：《海克斯康郝健："质"造成就企业未来》，2020 年 12 月 14 日，https://baijiahao.baidu.com/s?id=1686057320501388521&wfr=spider&for=pc。

② silier：《机器人行业的离线编程软件和生产系统仿真软件的区别》，2019 年 2 月 17 日，https://zhuanlan.zhihu.com/p/56783148。

厂,在焊接车间。然而跟 CAM 软件深度结合后,机器人可以更低的成本从事手术刀般精细的工作,机器人在车间的应用将更加深入。

以精密机械制造著称的德国产业界,最清楚 CAM 软件本身的价值。在德国政府看来,工业 4.0 的一部分其实源自机械的精密加工性,因此每年都有上千万欧元的投入用来资助 CAM 软件的相关项目。

CAM 软件看上去逐渐隐身幕后,但它其实正在智能制造过程中大放异彩。

自动化软件总是要被提及的。与 MES 软件和下层控制系统 PLC 相关的软件,是一类人机交互的界面,有时也包括数据采集与监控(SCADA)软件。顾名思义,它是由数据采集、实时数据库和可视化展示而构成的。由于机电一体化设备的控制系统实在太多,很多小众的设备的数据格式是非常独特的。可以说,没有任何一个品牌 SCADA 软件,能够采集所有设备的数据。目前这类软件中比较知名的是施耐德电气 AVEVA 旗下的 Wonderware,而国内的则以北京亚控、力控等公司的软件为代表。也有公司专注于提供数据采集领域的软件,如美国 Keppware(被产品生命周期管理系统公司 PTC 收购后,成为它的一块响当当的物联网招牌)、美国 Redlion 等。国内的华龙讯达,则凭借近二十年的对电气控制的配套和升级改造经验,也掌握了数据采集的能力,在工业物联网时代得以大展身手。

说到控制系统,用于离散制造的 PLC 和流程行业的 DCS 各有所长,但也有很多共性。控制系统背后也是软件,包含了组态编程软件、运行时软件和 HMI 软件等核心组件。这类自动化软件要么由 PLC 厂家自己开发,要么由第三方提供。西门子 PLC 的编程软件是 Step7,后来被整合到 TIA 博途平台。三菱、欧姆龙等公司往往使用自家的自动化软件。德国 KW-Software 在没有被菲尼克斯公司收购之前,为多家 PLC 厂商采用。贝加莱的 Automation Studio 在作为自己的 PLC 编程软件的同时,也对外开放使用。自从贝加莱被 ABB 公司收购之后,ABB 的机器人和贝加莱的 PLC 编程环境得到了进一步融合。在上述情况下,第三方的编程软件如 Codesys,显得尤其珍贵,已经是数百家 PLC 控制器厂家的首选,成为 PLC 领域的安卓。尽管也有国内企业在寻求发展,但要冲击它的霸主地位,尚需时日。

企业资产管理(EAM)软件,是另一个品类,在流程工业等重资产行业中尤为重要。国外的维护、维修、运行(MRO)软件如IBM Maximo,还有SAP、Oracle的很多软件都驻守在此。最近几年还涌现出许多数据分析公司,与物联网相结合,主要围绕着设备的备件、能耗、预测性维护等开展应用。

第二章

多样的行业　无尽的边疆

2.1　千姿百态的行业软件

工业软件的发展本质是来自工业制造的需要，它与装备工业密不可分，因此也是非常零散的，呈现出千姿百态。

在这片广袤的工业软件海洋中，品类相对齐全、产值达10亿美元以上的头部企业，例如达索系统、西门子工业软件、ANSYS、Synopsis等，就像大白鲨、座头鲸般显眼。一些主营计算机辅助设计（CAD）软件、计算机辅助工程（CAE）软件、电子设计自动化（EDA）软件等的明星企业，例如法国的ESI、美国的MSC和Altair、日本富士通旗下的迪普勒、广州中望、苏州浩辰等，则像那些海豹、章鱼，只要稍加注意也能被辨认出来。然而，更多的工业软件是深海物种，千姿百态，需要深度下潜才能一睹它们的芳容。正是这些不动声色、不为常人所知的深海生物，用另外一种方式，统治着海洋。当前被热捧、追逐、为人熟知的那些工业软件，仅仅是海洋中热闹的一角。

2.1.1　软硬结合大势所趋

机械制造是软件的富矿区，逐一往下挖掘，软件就会一一浮现。例如，机械传动是一个庞大的门类，齿轮是其一个最常见的子类。很少有人知道，齿轮是量大面广的关键基础零部件，齿轮制造已成为中国机械基础件中规模最大的行业。2018 年中国齿轮行业产值 2 400 多亿元，居世界首位。

无论奢华手表，还是导弹，背后的精密结构都离不开齿轮的设计。瑞士以精密手表、精密机床著名，那么就让我们来看看瑞士的齿轮传动软件。瑞士 KISSsoft 公司开发的关于机械零部件设计及传动系统分析的工具软件，是行业中的佼佼者，可以用来设计风机齿轮。这两款软件，已经被美国格里森齿轮机床公司收购。格里森机床是少数存活下来的美国机床公司之一，以加工精密齿轮和传动系统知名，国内许多汽车齿轮箱和汽轮机企业都是它的用户。它也是美国军火商的供应商之一，而且跟美国国防部保持着良好的关系。这也是美国机床的一个特点，许多小众的加工机床，已经转变成为专门瞄准美国军火装备的机床，生意照样做得不错。

可以想像的是，格里森公司自身也有一套齿轮软件，这是它提供传动解决方案的重要保障。通过并购，一个高端软件与一个中低端软件有机结合，格里森公司实现了对圆柱齿轮和圆锥齿轮及其轴系零件 CAD/CAM 软件的全面覆盖。数控机床必须依靠软件实现运动控制，正是这种软件和机床的融合，形成了格里森数字化齿轮制造体系。格里森的机床和齿轮软件的关系，就如同电脑和软件的关系，没有软件的支持，机床很难加工出具有高精度、高性能的齿轮。

这正是国内软件和硬件行业需要提高的地方。在软件方面，中国湖南有一家专门做齿轮传动的软件企业，可以为各种齿轮提供软件和解决方案。但由于缺乏规模，往往只能采用项目定制化的方式。在设备方面，国内西部老牌企业秦川机床，多年来一路与美国格里森机床对标闯关；浙江陀曼则以三菱重工滚齿机(已经被日本电产收购)为标杆。如果说在机械和数控时代，国内外企业之间的差距还是可见的话，那么到了数字化时代，国内外企业之间的差距就变得隐性，甚至不可测量。因为设备必须靠工业软件，才能发挥更卓越的性能。然而，这样说仍未触及本质。正如在多处能够看到的，数学、物理、工程，这才是工业软件的筋骨；IT 的编程只是它最后要披上的外袍。例如，美国格里森齿轮机床的软件之所以强大，与它的数学基础密不可分。格里森公司的诸多数学家，在齿轮理论上非常有造诣，这才是格里森公司成为齿轮曲面加工之王的根本原因。[1]

可以设想，软件与机器密不可分的理念，一定是融化在瑞典海克斯康的企业运营血液中。海克斯康已经收购了上百家软件公司。2014 年，海克斯康收购了全球 CAM 软件排名第一的 Vero 软件公司，立即掌握了一批优秀的 CAM 软件，包括机床常用的 EdgeCAM、WorkNC 等，以及专门用于钣金加工的 RADAN。海克斯康于 2020 年 3 月收购的英国 Romax 软件，则主攻风电领域，能对齿轮箱、轴承及齿轮传动进行虚拟样机设计分析。2020 年 10 月底，海克斯康又收购 CAM 软件 Esprit 的所属公司 DP Technology。Esprit 以机器优化、无需编辑 G 代码（刀具路径）而广有知名度。海克斯康作为一个测量仪器出身的制造商，一直在不停地进行软件收购。或许对于质量的需求是无止境的，因此机器对于软件的需求也就没有尽头。

海克斯康对 DP Technology 的并购是一个连环响炮。因为就在同月，全球排名第一的瑞典刀具制造商山特维克可乐满公司，收购了 CAM 软件公司 CGTech。刀具公司与 CAM 软件原本是共生的好伙伴，但这次 CAM 软件公司却被刀具商吃掉。

DP Technology 和 CGTech 这两家 CAM 软件公司都在美国加州，2019 年销售额都在 2 亿—3 亿元人民币。发现优秀的软件，就立即拿下，这是国外机器制造商对于 CAM 软件的态度。CAM 软件曾经是一个相当独立的软件领域，对于数控机床的运行至关重要。西门子工业软件中最知名的品牌 NX（UG），最早就是从 CAM 软件起家的。然而，最近这几年独立的 CAM 软件厂商被大量并购，品牌迅速减少，令这种软件越发显得宝贵，也越发隐蔽。

这样的阵阵炮响，是否能够震醒制造业的同行。在中国智能制造如火如荼的发展过程中，对 CAM 软件的重视有待进一步加强，因为这正是国外工业 4.0 或智能制造发力的地方。为了用好机床，提升机器的柔性，CAM 软件是必不可少的。北京精雕这家以 CAM 软件起家的机床公司，应该是中国机械制造领域中成功结合软硬件的典范。许多人将北京精雕的成功，

---

① 樊奇、让·德福：《格里森专家制造系统（GEMS）开创弧齿锥齿轮及双曲面齿轮数字化制造新纪元》，《WMEM》2005 年第 4 期。

归于它抓住消费电子3C市场崛起的机会，登上了苹果的快船。其实，智能手机的崛起，带来诸多机器的革命。滔天的浪潮，给许多跃跃欲试者都提供了同等的机会。但只有北京精雕拿到了最有利位置的船票，这与它多年苦苦打磨CAM软件息息相关。黯淡无光看不到前途的时刻，是每个工业软件创始人最熟悉的煎熬。然而，只要熬过最艰难的时刻，那就会获得巨大的回报。当下，工业软件正在给机器制造商频频带来佳绩。

在重视软件收购方面，海克斯康不是孤例。同样拥有测量设备业务的德国蔡司公司，在2016年收购测量技术的软硬件供应商3GO，将它纳入旗下。然而，如果想了解相反的例子，那么可以看一看同样也是计量出身的英国雷尼绍公司。雷尼绍公司在软件方面可以说是乏善可陈，除了自行研发少量软件之外，主要采用的方法是建立联盟，与各个CAM软件进行合作。雷尼绍公司整体上表现出了一种对软件的钝感，这也使得它在计量领域显得有些消沉。

对于专业性软件的发展来说，行业协会、研究所和大学往往可以起到很重要的作用。日本AMTEC软件可以用于类齿轮传动设计领域、塑料/粉末冶金齿轮设计分析领域，是日本齿轮协会下属机构所开发的一套齿轮传动设计分析工具软件。Windows LDP则是美国俄州立大学机械工程系齿轮动力学和齿轮噪声实验室开发的齿轮载荷分布分析软件。国内的齿轮传动CAD集成系统软件ZGCAD，则是由郑州机械研究所开发，囊括了常见的齿轮传动设计计算方法。

从国外制造业发展的趋势可以看到，无论是工业母机的机床，还是事关精度与质量的测量仪器，或者是作为工厂中最大消耗品的刀具，都在向软件靠拢。软件与硬件结合是趋势，国内外的工业装备制造因此也越发呈现出智能化的特点。

2.1.2　来自大学的精彩

提到锅炉，大家并不陌生。锅炉制图软件的可选项很多，达索系统的Solidworks是其中之一。这类软件一般都是通用化的CAD软件。但从事锅炉工艺软件研发，则需要有较深的行业背景，这是因为需要对锅炉内部的传热、流动、介质等进行复杂的模拟计算。实际上，很多企业往往是采用专有技术，如早期的日立、通用电气、西门子、ABB等公司的锅炉业务，都拥有大量的自研软件——这也是企业的核心技术之一。现在这类软件也基本上都商业化了，例如美国麻省理工学院的GT-PRO Thermoflow、德国的KED、通用电气的GateCycle。为了弥补编程能力的不足，工业巨头也会选择与外部软件公司合作，例如GateCycle就是通用电气跟一家软件公司联合开发的。[①]

浙江大学在锅炉本体仿真软件方面做了非常好的工作。它所开发的BESS，基本上国内排在前50名的锅炉厂都在采用。与麻省理工学院的GT-PRO Thermoflow发展轨迹相仿，这个软件的主创团队，来自浙江大学化工学院。这听上去像是一个外行在研制专业的软件，实则不然，因为锅炉的燃烧，本质是一个化工过程。BESS软件的成功，让人们看到了产、学、研结合难得一见的好案例。从1995年国家基础项目支撑开始，就有锅炉厂参与其中；随后十年的打磨，更多锅炉厂的介入，成就了这款国产锅炉软件的崛起。这种发展轨迹，在国外软件发展史上屡见不鲜。它遵循了许多软件发展的基本规律：国家经费扶持基础研究，市场应用方也与之一直牵手；项目验收后，持续投入经费，更多应用加入，最后走向商业化。

再来看看化工过程模拟的顶级软件Aspen Plus。它的主创团队来自美国麻省理工学院的化工系。Aspen Plus是一个面向流程行业的流程模拟与优化的系统，在国内化工行业的使用非常广泛，占据了中国国内流程行业的重要命穴。20世纪70年代后期，石油危机引发了整个流程行业效率提升的巨大需求，因此美国能源部委托麻省理工开发新型流程模拟软件。这个项目名称是“过程工程的先进系统”（ASPEN），1981年底完成了整个软件的编制。

在美国，根据拜杜法案，联邦政府投入的基础研究经费所产生的科技成果，可以转让给大学。大学则可以通过授权和专利等形式，对科技成果进行转化。因此，最擅长商业化的麻省理工学院，没有耽搁一点时间，第二年就

---

① GateCycle热量平衡建模应用程序，是通用电气和EnterSoftware共同开发的电厂、燃气轮机动力系统模拟（能量、质量平衡）商业软件。

将其商品化，成立了艾斯本(AspenTech)公司。这款被称为 Aspen Plus 的软件，已先后推出了十多个版本，成为举世公认的标准大型流程模拟软件。大量的化工用户，包括中国的化工厂，都是 Aspen Plus 进行试验、播种和收获的肥沃土壤。宝贵的用户经验，更是把艾斯本公司的流程模拟软件，推向了一个不可撼动的霸主地位。

在先进过程控制(APC)软件领域，艾斯本公司的 DMC3 占据很大优势。国内浙江的中控公司也有类似的 APC 产品，只是商业化相对偏弱，主要是与中控公司的 DCS 系统联合使用。如果中国石化等大型企业，可以给予中控 APC 软件更多的机会，其腾飞也是指日可待的。随着中国存量市场进入软件升级的大窗口期，APC 软件的升级换代成为刚性，相信中控公司的发展也将迎来爆发期。

这些软件最大的特点，是背后的工业知识点。它们工业的精髓，是企业不愿意说出的工艺秘密。为了描述这些问题，则又必须借助于数学方程、物理方法和化学方程等的联合求解，以及对复杂边界条件的简化等。正因为这种复杂数学化的要求，一般企业很难把自己的知识变成软件。这不是 IT 企业能够解决的问题，而需要企业自身具备工程知识软件化的能力。能够跟实际应用紧密结合的大学教授，往往有着更好的优势。

显然，工业软件一般都具有很强的专业性。很多工业软件的起源，都有大学或者工程咨询背景。没有工程基础或者背景，这类大型工业软件，是不可能开发出来的。单纯的 IT 公司，完全无法胜任工业软件的开发。如电厂的热电联产热能分析所用的美国 Thermoflow 软件，它的源头跟 Aspen Plus 几乎如出一辙，也是来自麻省理工，也是来自化学系。

纵观工业软件发展的历史，大学和科研院所是火种的一个重要诞生地。激活大学的机理研究优势，然后与工程应用相结合(最重要的前提)，是发展工业软件的重要路径。

2.1.3 科学计算三剑客

科学计算是一类最常见的软件。其中，除了 2020 年 6 月份因为断供哈尔滨工业大学而更加名声大噪的美国 Mathworks 公司的 MATLAB 之外，还有加拿大的 Maple 和美国的 Mathematica。

在科学计算三剑客中，MATLAB 与工业的结合最紧密。MATLAB 在哈尔滨工业大学被禁用之后，在国内寻找“国产 MATLAB”的话题迅速走热，对苏州同元软件、北京联高软件等的呼声很高。但当前这只是一种可能，或许在局部功能上能有所替代，短时间内全面替代几乎是不可能的。MATLAB 的各类仿真引擎和数值计算工具比较齐全，用户依赖性很强。苏州同元软件 MWorks 暂时只在局部有一定优势，它是基于 Modelica 物理建模，这是 MATLAB 起步较晚、但正在快速追赶的领域。

Maple 也是一种符号和数字计算环境的编程语言，由加拿大的 Maplesoft 公司开发，用于解决数学相关领域的问题，内置超过 6 000 个计算命令和 100 多个算法函数包。Maplesoft 公司的多系统仿真 Maplesim 软件，则为多域物理建模和代码生成添加了功能。这家公司，在 2009 年被日本 Cybernet 集团收购。

Mathematica 擅长数值符号运算。在工程仿真和数值运算方面，则比 MATLAB 差了不少。这是数学家 Wolfram 建立的一个软件，大学广泛使用它来进行数学计算。这位科学家，后来还开发了一个直接回答问题的搜索引擎 Wolfram，被看成是智能搜索引擎的重要方向。再后来，互联网界的兴趣转移到了移动互联网，应用程序（App）四处开花，搜索引擎不再成为流量的唯一入口，这个引擎也就变得不温不火。

实际上，基础功能的替代其实并不难，真正难的是对用户习惯的把握和复杂生态的建设。那些日积月累攒下的应用场景的算法、文档，并不是一朝一夕能够打磨出来的。满足用户的使用习惯，提高软件交互性和图形界面的友好，依赖于广泛的用户反馈。软件是用户用出来的，仅依靠供应商一端发力远远不够，这也是工业软件难以快速发展的根本原因之一。

2.1.4　开放的用户造就优秀的软件

众所周知，电力行业是一个对安全高度敏感的行业，因而对于软件的仿真要求很高。在中国电力行业高速发展的几十年,电力仿真软件也得到了长足的进步。电力系统软件,大致可以分为机电暂态仿真、电磁暂态仿真和实时仿真。

中国在20世纪90年代从美国引进了机电暂态分析软件。经过几十年的运维,这些软件已经发生了彻底的改变和颠覆,并且完全重写了代码。中国电力科学研究院开发了电力系统仿真综合程序PSASP,拥有完全自主知识产权,并在网省公司广泛应用。

用于电力系统电磁暂态分析的仿真软件EMTP,可以对高压电力网络和电力电子进行仿真。它包含通过现场测试证实的用于变压器相传输线的模型,以及各种电机、二极管、晶闸管和开关、控制器等模型。它侧重于系统的运行,而非个别开关的细节①。最早的EMTP程序,是由美国能源部的邦维尔电力局(BPA)在20世纪70年代主导的。当时,由于这种研发由公共财政支持,因此其成果可以免费提供给任何一个感兴趣的团体。到1984年,这种基础研究免费、产业界共享的状况,开始被打破。这种程序被分为两个流派,一个流派开始走商业化路线;另一个流派则继续捍卫免费路线。这方面的软件,以加拿大的PSCAD较为知名。目前,中国的电磁暂态仿真软件已有国家电网公司自己开发的版本,但其商业化程度还达不到国外的水平。

随着电网的发展,纯粹依靠软件仿真已经不能满足要求,因此出现了实时数字仿真、数模混合仿真,比较有代表性的是RTDS软件。这种软件非常昂贵,一套RTDS软件,仿真规模为100多个三相节点,动辄200万元左右。为了发展中国的电力系统,在初期也只能是不断地购买这种软件。后来,中国研发了ADPSS软件,其性能基本可以跟RTDS相比,而价格只有其三分之一,采用的服务器是浪潮等国产品牌。在中国的实时仿真系统中,尽管硬件里的一些芯片还是进口的,但基本上算是实现了国产化。

---

① 江涵:《电力系统数字仿真技术基础讲座》,2020年4月2日,https://www.baidu.com/link?url=8hxyKk5_uTyRsGEKfK9GHJeCijP7XnAlkMiCTHpi3bbMhzsgTsZD_M3GAIYBruyaT9_M9PZpksz7hbglQLPE6MDv8b5GUldNxmxR1MeaxpIdo7GHr2F-4r7T_i_fpE_a&wd=&eqid=d162caa40000b95c000000025fa4b8d9。

可以与电力强国加拿大做一个对比。目前加拿大开发的电力系统软件，拥有全面的解决方案，包括配电网仿真软件 CYME、接地仿真软件 CDEGS、电磁暂态仿真软件 PSCAD、大规模电网仿真软件 DSA-Tools 等。就国产电力软件而言，中国的机电暂态仿真软件 PSASP 对应于 DSA 综合软件；电磁暂态仿真软件 EMTDC 对应于加拿大的 PSCAD；代表更高水平的实时数字仿真系统 ADPSS，则直接对标加拿大 RTDS。中国的电力系统是相对较少依赖国外软件的行业。这固然与中国拥有世界上最大的电网容量有关，也跟电力系统作为核心能源行业，一直追求独立自主的策略相关。由于中国电力科学研究院成为基础研究的龙头，且有广泛的应用场景，国产电力软件的发展相对比较健康。

中国的核电软件，同样不落后。核电软件有热工水力、反应堆物理、燃烧元件、概率风险等九个专业，涉及 200 多个程序。早在 1984 年，中国核工业部成立之后，其下属的核电中心就开始系统地将引进的软件从工作站移植到不同的计算机。从美国阿拉贡国家能源软件中心 NESC 购买的 CIATAION 堆芯分析、NJOY 多群中子等 77 个程序，还有美国橡树岭国家实验室赠送的蒙特卡洛 MORSE 通用程序等，是中国核电业起步时候的软件。

核电从堆芯结构出发，分为一级、二级、三级设备，蒸汽发生器、压力容器等都需要严格仿真。考虑到一般要求都是 60 年的随机寿命，仿真验证是谁也不敢马虎的事情。以前的校核，都是根据美国机械工程师协会(ASME)标准，进行手工计算，一般而言，需要建立过量的安全系数。现在的审核，则是按照标准规范，只需要看仿真报告。不仅仅是流体分析、电磁分析等仿真非常普遍，甚至连一个螺丝、焊缝，都需要做仿真。这是一个仿真意识泛在的领域，核电软件发展因此也拥有了深厚的基础。

随着中国核电独立自主的提升，核电软件也得到了长足的发展。2015 年国家电力投资集团有限公司发布的 COSINE 公开测试版，是一个核电设计与安全分析国产软件包，包含热工水力设计与安全分析、堆芯物理设计等 8 个大类的 15 个软件。这个突破令人兴奋，因为它是跟随国家的三代核电自主技术 AP1000 同步发展而来的。2020 年 9 月，中国具有完全知识产权的三代核电技术“国和一号”完成研发。目前的COSINE软件已经完成了基于AP1000和“国和一号”三代核电堆型的工程应用研究[①]，其工程应用版已经崭露头角。

在石化、核电、电力等领域对安全要求极高的大型设备上，专业软件从来不缺席。在引进国外设备与技术的时候，这些专业软件往往都是谈判的焦点。引进的国外设备中，以硬盘或者软盘形式存在的程序，不会不引起注意。大型的工业设备（如电力、核电等的），从来都是与软件绑定在一起的。例如，西门子公司的机电和电磁暂态软件NETOMAC，早在20世纪70年代就开始开发。西门子后来又收购了美国公司的PSS/E软件，进一步强化了对输电系统的分析。

这也再次说明，行业中一种工业软件的强大，关键在于用户的信心。如果用户信任某一类软件，那么这个软件就会像得到阳光和雨露的春笋一样，迅速拔高。欧阳修的《卖油翁》早已道出了秘密，“无他，但手熟尔”。然而，国内大部分产业，以前大多将这些练手机会给了国外软件。这形成了一种“系统自锁循环”，用户使用的反馈越多，国外软件用得越顺手，国内软件就更加被冷落，没有多少机会去发展。近年来，国内工业企业出于对供应链安全方面的考虑，越来越关注国产工业软件，国产替代是需要解决的问题。

2.1.5　清晰的进球套路

专业工业软件的数量难以数清楚，现存数万款不同的软件是完全可能的。为了找到并理解这些不同的软件，需要从国民经济行业分类代码开始。因为每一个行业背后，都有着工业软件的痕迹。

例如，随着复合材料在工业化的更广泛应用，需要围绕复合材料进行结构设计、分析和尺寸优化。作为一款专业软件，HyperSizer将数百种分析失效方法囊括其中。凭借着快速的分析和复合材料优化能力，它在国内外航

---

① 中国核电网：《十年磨一“剑”|COMDINE自主核电关键设计软件交出满意答卷》，2020年2月14日，https://www.cnnpn.cn/article/18379.html。

空航天项目中起到至关重要的减重作用，例如洛克希德·马丁公司的高空高速侦察机SR71、格鲁门公司的全球鹰的机翼、空客A350客机的发动机短舱等项目，都使用了HyperSizer软件。中国商飞C919客机的复合材料后机身、中央翼、平尾和垂尾，也应用这款软件进行优化设计。它最早起源于美国国家航空航天局(NASA)兰利研究中心，这是一家以气动研究和风洞而知名的实验室。游泳冠军菲利普斯的大名鼎鼎的鲨鱼皮泳衣，也是诞生在这里。那是材料与仿真的一次完美体验。这种技术现在由美国Collier公司持有，能与常见的商用有限元软件相结合，对各个部件自动生成安全裕度报告。这是美国国家航空航天局基础研究向外扩散成商业化软件的又一个典型案例。

一个行业中的企业，往往会采用综合的软件体系。例如一个造船厂，会使用法国施耐德电气AVEVA这类厂房设计软件，因为设计一艘船，就如同设计一个工厂或者一个城市。然后，它会采用西门子公司收购的西递安科(CD-adapco)公司旗下的通用CFD软件STAR CCM+，进行多面体网格划分和流体解析。[1] 这个软件从1980年开始，一直在跟湍流、热传递和氧化燃烧打交道。尽管手握这些巨头公司的工具，造船业仍然给很多不起眼的工业软件小公司留下足够大的空间。例如，比利时的NUMECA公司，依然在为船舶与海洋工程打造专业的CFD软件包。这个软件包含有全六面体非结构网格生成器HEXPRESS和功能强大的后处理工具CFVIEW，再配上由法国国家科学院开发的不可压黏性流场求解器ISIS-CFD，可以用来模拟船舶周围的单流体和多流体流动。

这个公司是由比利时布鲁塞尔自由大学系主任、流体力学科学家查尔斯·赫思创立的。他曾在20世纪八九十年代为欧洲航天局(ESA)编写空气动力数值求解器(EURANUS)。以此为基础，工程化软件和商业化利益紧跟而来。这让人们再一次看到，大学与工业界、国家研究经费与商业软件之间，有着如此顺畅而密切的通道。无论是在美国，还是在法国、比利时等

---

① Esniper:《【流体】|10个目前流行的CFD仿真软件，你了解几个?》，2018年6月25日，http://www.360doc.com/content/18/0625/12/36876524_765233661.shtml。

欧洲国家，很多工业软件的发展依托于国家基础研究经费支持项目的成果转化，而且这类转化从不拖泥带水。工业软件的知识产权输送，从大学、科研院所到商业货架，就像足球场上的一记长传，紧接着是射门，一气呵成。

2.1.6　赛道上的中国挑战者

通常，国外存在的软件，国内会有它的对标物。例如，德国威图公司旗下拥有在电气盘柜上使用较多的 Eplan 电气设计软件，国内有利驰电气软件与之相对应。国外有 Sigmetrix 公差分析软件，国内就有上海棣拓的 DTAS 软件。面对美国 Ansys 公司的 HFSS、法国达索系统的 CST、美国 Altair 公司的 FEKO 这三大电磁仿真软件，复旦大学孵化的 EastWave 高频电磁仿真软件，在勇敢地进行挑战。对标前面提到的德国 dSpace 软硬一体的实时机，国内的北京经纬恒润在做同样的工作，并借助于汽车的电控发展而迅速崛起。瑞典的多物理场仿真的老牌明星 Comsol，作为一个平台，近些年来积极融入无代码化开发，已经能做到生成一个仿真 App 只需几个小时。北京云道智造的年轻团队，迎头追赶，提出“仿真平台 + 仿真 App”的模式，在互联网方面甚至走得更彻底，与制造企业、产业园区、业内人士协同打造仿真软件生态系统。

在齿轮这个领域，湖南精益传动设计软件，直接对标瑞士 KISSSOFT、英国 ROMAX、英国 MASTA 等国际知名的齿轮软件。合肥太泽透平，则瞄准美国叶轮透平机械的 CAM/CAE 软件供应商 Concepts NREC 公司，其软件应用行业包括航空发动机、燃气轮机、压缩机、火箭涡轮泵等行业。其开发的机器和流体的能量转换的计算软件，一直是旋转机械的执牛耳者。中国航空发动机的研发一般使用 Concepts NREC 公司的设计软件。然而，美国近些年在授权软件使用时，一再收紧政策，这也给国内软件留下了发展机会。太泽透平采用了软件和工程服务相结合的方式，实现了几何导入、存储、优化的一体化，在国内受到沈阳鼓风机集团、杭州制氧机集团等大型企业的青睐。

中国工业软件的挑战场景十分常见。德国 MagmaSoft 铸造仿真软件，能够对铸造过程中的充型、凝固、冷却、热处理、应力应变等进行模拟分析，是一款早在1988就开始发布的经典软件。但元老级的软件，现在碰上了年轻的挑战者——清华大学科班出身的博士们创立的北京适创科技公司正在迅速成长，已推出自主研发的压铸CAE仿真分析云计算平台。

散料领域看似冷门，其实却就在我们身边。制药药剂、装载机挖出来的土壤、泥沙、岩石等，都需要进行颗粒力学的仿真，这正是散料分析的范畴。散料分析最大的特点是，既要考虑固体块状物，又要兼顾流体特征。中国是工程机械大国，三一重工、柳工机械等企业都少不了这种软件。德国弗劳恩霍夫应用研究促进协会算法和科学计算研究所（SCAI）的流体和固体耦合MpCCI软件[①]，从1996年就开始与各个商业化软件合作，以实现不同学科求解器的耦合分析。北京合工仿真公司开发的软件UNINSIM，现在也做到了这一点，可以进行颗粒力学分析，也可以进行燃油/液压油污染特性分析等。

中国工业软件产业的一个特点是，在每一条细小的赛道中，都向国外工业软件发起挑战赛。虽然二者的体量往往不成比例，但这并不妨碍顽强的国内选手，数年甚至数十年紧盯着目标不放。只要盯紧，就会有结果。国内苏州同元紧盯德国系统建模仿真公司Modelon不放，取得了很好的效果。在厂房管理软件与数字孪生软件PDMS方面，对标法国施耐德AVEVA和美国鹰图的软件，国内的达美盛、图为和中科辅龙等公司的管道软件研发，都取得了突围。在家居设计领域，法国的KD、加拿大的2020 Design[②]等软件在中国市场的份额被广州圆方（尚品宅配旗下）、酷家乐、数码大方等的软件攻占，中国软件开创了智能家居的个性化定制的一派美好景象。

工业软件就像是通往山顶的条条道路，既有阳关大道，也有羊肠小径。可以说，在每一条狭窄的小径上，国产工业软件都像是甩不掉的影子，上演着小角色的大精彩。

① CAECFD创新工场的博客：《流固耦合软件MPCCI简介》，2010年5月27日，http://blog.sina.com.cn/s/blog_6817db3a0100j56u.html。

② 2020公司官网，https://www.2020spaces.com/zh-hans/2020-产品/2020-design/。

2.1.7　吃小灶，不如广育土

想搞清楚工业软件的全貌很难。可以说，工业产品有多少种，工业软件就有多少种。工业软件就像是工业的 DNA，每一种产品都有自己的基因片段。它们无处不在，长相完全不同，但在基础底层又有着强烈的共性。这意味着，快速发展工业软件行业，并不是一件容易的事情。因为需要面对的不是一两个软件的突破，而是对整个工业基础的耕耘。

值得指出的是，小软件的生存之道，各有千秋。瑞士公司 DST 主攻核级管道应力分析软件，只有区区 8 人，虽小却精。它最大的优势是把美国机械工程师协会标准，放入了软件。很多用户宁肯使用这种定位精准的软件，避开那种大而全的仿真软件，因为后者在非常专业的领域未必好用。DST 的软件 PepS 的特点是自成一派，除了核心程序 PipeStree 之外，前后处理也指望不上别人，因此自己做出了 EditPipe。[①] 这正是一种软件要获得精彩的要义所在，没有生态的支撑，就要自备干粮保障。PepS 软件被广泛用于美国、日本的核电站，在中国 AP1000 核电机组的建设过程中也用到了这种软件。与此相对应的是法国法马通公司（Framatome）开发的管道系统应力计算软件 SysPipe，最早应用于法国 M310 系列核电站。法马通公司参与建设了中国大亚湾、岭澳核电站等，核电厂的核岛管道系统基本都是采用 SysPipe 来完成应力计算和分析。

这就是小软件的生存之道，像是一颗专用螺丝钉，只攻一个孔。当然，等待它的结果，往往是被收购。MSC 公司早在 1989 年就收购了 Pisces 公司，在核能领域建立了自己的仿真优势。瑞士的核级管道软件 DST 脱颖而出后，也被海克斯康公司收归旗下。

德国的 COBUS ConCept 公司成立于 1992 年，是木工机械 CAM 软件的佼佼者。它跟着德国木工加工行业一起成长起来，多年来一直是 CAD 软件达索系统 SolidWorks、西门子 Solid Edge 在数控木工机床领域的合作伙伴。后两者的 CAD 软件所生成布线轮廓、钻孔、锯切等尺寸数据，可以自动传输

---

① 张敏，王红瑾：《管道应力分析软件 PepS 与 SYSPIPE 的应用对比》，《机械工程师》2016 年第 9 期。

到这家德国公司的 CAM 软件之中,Cobus NCAD 可以无缝对这些数据进行编辑处理,形成木工机械的加工路径。2017 年是这家德国公司创办 25 周年,公司员工仅有 108 人。

缓慢地发展、蓬勃的活力,是这些小软件给人们留下的印象。从这个意义上来看,简单地寻找明星软件和头部企业,热情地给予资金和政策催长,并不符合工业软件的发展特点。工业软件行业的发展速度慢,与工业化程度相辅相成。工业吃不透,软件也吃不透。工业软件无处不在,就像田野的山花漫漫,要想逐一辨识,是非常困难的。对逐个苗株进行施肥,只能偶尔为之。

因此,工业软件需要的是全面开花,而不是集中栽培几种标志性果树。这是一个建立生态的过程,扶持工业软件的发展,其复杂性远远超过常规想象,喧嚣的口号和肤浅的投资,远远不能解决问题。中国推动工业软件发展的政策,需要面对小苗满地的局面,耐心地扶持,以期遍地开花。几十人的公司,一两千万元的年营收,也许正是扶持的最佳对象。大手笔、大配套资金的方式,可能会让许多优秀的工业软件淹没在潮水之中。发展工业软件最难的地方,并不仅仅在于技术上的复杂,也在于人们对工业软件要有正确的认知。

2.1.8 必须从底层开始追

电力、冶金、制药等诸多行业有自己的特殊性,相应也有自己特殊的工业软件。选定任何一个行业,都能列出一份长长的工业软件清单。

教学和实验室,也是工业软件的重要占领地。地球化学模拟软件 Geochemist's Workbench(GWB),广泛应用在环境地球化学、油气地球化学等学科,用来模拟复杂的地球化学反应过程。Spartan 则是一款功能强大的专业化学分析建模和分析软件。它的光谱和属性数据库,包含了 30 万个分子的集合。如果不是业内人士,可能根本不会接触到它们。

但无论是哪种工业软件,都要回归基础。关于工业软件的发展,当前能看到很多焦灼与冲动,总想借助于新的技术潮流,大干快上。这种思路,用于依靠知识结晶的工业软件，基本上是行不通的。大量的工艺、设计、材料知识进入软件的过程，恰如煤与树木之间有着很长的沉淀期，速战速决的策略并不合适。

工业软件代表着工业文明的最高形态，是数学、物理、化学、生物等自然科学知识，与人类设计制造实践相结合，相互浸润、长期磨合而成。国外软件经过几十年的发展和数轮并购，基本上已经完成了形态的彻底改变。国外大部分软件的创立者，往往都是在数学、物理或者工程有着很深的造诣的人。先行者打造了一把钢刀，后人则反复锤炼。初学者求胜心切，绝非正途。

发展工业软件要从工具软件开始。因为只有深入工具软件，才会发现数学的硬核、物理的基础和自然科学的世界。但除了基础科学之外，还需要一些其他条件。中国科学院计算数学与科学工程计算研究所的创始人、计算数学的奠基人冯康先生，是国际公认的有限元权威。在有限元国际大会和学术文章中，也不乏中国人的身影。可以说中国是有限元研究大国，但为什么中国在有限元分析商业化 CAE 软件领域却基本无所作为？这就涉及工业软件的第二个特性：用户侧的知识反哺。工业软件是用户用出来的，用则进，不用则废。若要用户真正介入，则要依赖工业软件的第三个特性：协同生态。好的软件，一定是配有一批丰富的组件、插件、接口，以及大量的模型库、参数库、物性库等。没有数学基础，就没有软件；没有用户哺育，就没有商业产品；没有协同生态，就没有产业化规模。三者相互锁定，无法单一解锁。目前中国工业软件的短板是，底部中空缺少根基，基础研究相对缺乏；软件厂家大多自身羸弱，没有造血能力；用户无心陪伴，拿来主义至上；协同舢板不成局，企业仍然是单打独斗，缺乏组件与生态的配合。可以说，上述四大顽疾不破，工业软件难进。

工业软件令人敬畏之处，在于它的复杂性、多样性都超过了一般人的想象。但再复杂，它们最后都会指向最基础的学科。无论多么枝繁叶茂，都会有根须脉络通往大地，那正是自然基础学科哺育万物的地方。一旦搞好工业软件，又会反向促进基础教育。返本归根，则工业软件的复杂世界立刻会得以简化。

只是，这种视角都是修来的心性。从生根发芽到开花结果，工业软件行业的发展是一个漫长的过程。发展工业软件需要耐得住寂寞，在构建远景规划的同时，做好基础科学研究，是工业软件突破的重要原则。

2.2　离散制造的典范：工业软件在汽车界的繁荣

汽车行业是规模最大、工业化程度最高的制造业代表，因此工业软件在这里枝繁叶茂，也就不足为怪。早在计算机辅助设计、制造萌芽的时候，除开航空制造，汽车行业是最好的温床。

汽车产品研发过程中的软件和仿真，起初与其他机械产品并无不同。20 世纪 90 年代起，模拟仿真和数字虚拟化技术，已经成为汽车研发的主流手段。事实上，汽车产品的复杂设计，大幅促进了三维 CAD 软件和仿真软件的发展。

汽车作为一个与人身安全密切相关而且高速移动的商品，注定了它要比任何机械更强调安全性、可靠性。为了获得足够的安全验证，一辆车必须积累足够的行驶里程。这个安全验证的过程，在汽车诞生后的 100 多年中，是靠一辆一辆车、一千米一千米路在全球各地用轮胎真实地跑出来的，整个过程消耗了大量的橡胶。

汽车越来越人性化和智能化，给汽车研发带来了更大的挑战。智能网联，是汽车设计面临的最新挑战之一。用轮胎去测量安全的时代，已经永远过去。在汽车越来越向电气化、电子化发展的过程中，芯片行业所独有的摩尔定律，也加快了汽车自身演变的速度。面对十亿级甚至上百亿千米测试的要求，模拟仿真成为所有造车企业的唯一选择。

这种现象背后，是大量的软件和硬件构成了一个庞大的数字空间帝国。无论是车辆动力学仿真、传感器仿真、图形处理，还是交通流、道路建模等技术，都是为了解决两大问题：一个是车辆控制，一个是环境感知。基于模型的系统工程，在这里展开了完整的系统工程 V 形山谷之旅。

在汽车设计研发领域，通用的 CAD 软件、CAE 软件已经广泛得到应用，这里不再多说。另有许多隐藏的工业软件独狼，不为外界所知晓，下文将介绍一二。

2.2.1 动力装置设计软件的发展

先来看最重要的动力装置。作为汽车动力总成系统开发和测试设备及仿真软件供应商,奥地利的李斯特公司(AVL)挤身世界四大权威内燃机研发机构之中。所有的发动机制造商应该都在 AVL 的客户名单里。

中国无疑是跟 AVL 渊源最深的国家之一。它的创始人曾经在同济大学任教,回国之后在 1948 年建立了 AVL 公司[①]。这种与中国良好的渊源,也使得它随着中国成为汽车制造大国而受益匪浅。在国内的许多汽车制造商的研发中心,都可以看到 AVL 的各种设备。它的排放检测设备,一套动辄价值几千万元。AVL 旗下有很多软件,如 AVL FIRE 作为专业的发动机流动力学软件,能对发动机内部的流动、喷雾、燃烧和排放物的形成进行详细的模拟分析。它还配备尾气后处理模块,能用于各类催化转化器的研究。这些软件,都得到了大量的用户经验的哺育,因此也使得它们越来越好用,用户对它们的依赖度极高。

面对愈加普及的电气化和日益严苛的环保法规的严重挑战,新能源汽车正在快速发展。那么,这些内燃机软件公司,是不是就坐以待毙了?答案正好相反。这些源自一线工程领域的软件公司,恰好在这里体现出它们独到的敏感性。用户在转向,这些公司也随之转向。AVL 的电驱软件 eSuite,可以实现从电池、燃料电池、逆变器、电机、齿轮箱等部件级仿真到电驱系统、供电系统等子系统级仿真,再到整车系统级仿真的全覆盖。实际上,这些软件的功能,不再仅限于 ICE(完全灵活的内燃机),而是覆盖在整个动力系统(完全灵活的动力系统)。通过软件应用可以平衡电气化和内燃机的互补特性,并且在减少污染物和二氧化碳排放方面产生协同效应。可以说,在电气化和电子控制的时代,软件的应用,更加得心应手。AVL 公司当前的发展方向,已经转向自动驾驶系统等新领域。就是这样一家软件公司,2019 年全球营业额将近 20 亿欧元,大概可以排在中国机械制造 500 强公司的前 400 强以内。

面向汽车行业这么大的市场,很难有任何一家企业能垄断。除了奥地

---

① 李斯特:《一个为电气化准备了 15 年的“老伙伴”》,《中国汽车报》2018 年 4 月 15 日。

利的AVL之外，世界上还有三大发动机设计咨询公司，分别是德国的FEV、英国的Ricardo、美国西南研究院。这四家设计咨询公司都有着软硬一体的工程优势。由于这些机构往往有着非常深厚的工程咨询背景，因此他们也成为汽车制造商的顾问，而非简单的软件提供商。

2.2.2 流体与动力的天地

美国CSI公司开发的发动机流体仿真软件CONVERGE，也被诸多主机厂使用。网格划分是把模型分成很多小的单元，相比于经典的STAR-CD和AVL Fire等软件复杂的网格划分[①]，CONVERGE在网格划分上独具亮点，如自适应加密网格、化学反应动力学燃烧模型等。这样的优秀软件，得到大学和燃烧实验室的厚爱，也就不足为奇。CSI公司在创立的初期是一个计算流体动力学咨询公司，后来将工程经验知识固化成软件，2008年顺势进入流体分析软件领域，并一举获得成功。

车辆动力学分析是汽车开发的重要工作之一，需要面对的是多铰链、多弹性的多体连动系统。汽车行业常用的MSC公司的ADMAS/Car软件的锻造，源自市场的需求。它最早是多体软件分析公司MDI与奥迪、宝马、沃尔沃等公司合作而开发的整车设计软件包[②]，后来在2002年被MSC公司收购。ADMAS/Driver则是在德国的IPG-Driver软件基础上进行二次开发的成熟产品，对于带有负反馈系统的零部件，如制动防抱死系统(ABS)、四轮转向系统(4WS)等的研发来说价值重大。尽管机械系统动力学自动分析软件ADMAS的求解器并不算是最先进的，但它按照汽车工业的标准，增加了支持一些特定运动测试的子程序。这给汽车用户带来很大的方便，因为用户无需再自己编写程序。由于ADMAS软件的用户多，可以适配多种硬件。它在汽车行业得到青睐，软件功能不断完善。就求解器的性能而言，其

① 信曦：《IDAJ公司的CONVERGE这个CFD软件，在内燃机行业的地位如何？官方介绍甩其他软件比如Fire、Star-CD一条街?》，2017年4月27日，https://www.zhihu.com/question/26191861。CSI公司的CONVERGE软件是美国Convergent Science Inc.(CSI)开发的革新性热流体分析软件。

② zebest：《AD AMS/CAR模块及其在汽车操纵稳定性中的应用简介》，2014年2月7日，https://wenku.baidu.com/view/0e59ceb4cc22bcd126ff0ceb.html。

他软件除非优势巨大，否则只靠些许的改变根本无法得到市场翻盘的机会。更重要的是，ADMAS软件在界面上提供了非常友好的模板，可以简单地实现汽车建模。具有讽刺意味的是，ADMAS软件曾经在很长一段时间中，界面并不友好。许多汽车公司不得不去设计自己的界面，解决虚拟样机的问题，例如福特的ADMAS/Pre，铃木的Admas/Isuzu等。汽车制造公司在既有的通用软件基础上重新开发，建立自己的虚拟样机系统，这也是行业惯例。市场上的几十个主流汽车制造商，都会进行自身的二次软件开发，只是开发程度的深浅有所不同。

然而，企业维持自研软件并不是一件容易的事情，于是需要与软件公司紧密合作。为福特汽车公司开发专用软件ADAMAS/Pre的公司，后来被MDI公司收购。ADMAS再次跟福特紧密绑定。这款软件为福特所专门使用。ADMAS则通过这种方式，大幅提升了它的界面能力。可以说，ADAMAS/Car软件就是一个界面的胜利，通过用户界面模块ADAMAS/View和求解器的联合，使得用户因长时间使用而形成一种锁定依赖。

这就是工业软件成为赚钱机器的奥秘，它把一切流程设计、建模都预制完毕，最后成为行业的标准。因此，从软件商追赶者的发展策略来看，面对庞大的工业软件巨头，单点突破往往是一种更加有效的战术。培养用户的使用习惯，是一个漫长的过程，绝非是短时间内能用投资弥补的差距。

表2-1　常见仿真分析CAE软件

前后处理软件	Hypermesh、Patran
碰撞分析	LS-Dyna、Pam-Crash、Radioss
机械动力学仿真	ADMAS
非线性分析	Abaqus、Marc、Ansys
疲劳分析	Fatigue
流体分析	Fluent、STAR-CD、AVL-Fire
锻压过程分析	SuperForge
汽车内噪声预测分析	Akusmod

（续表）

多学科智能优化	iSight
汽车自动化建模	SOFY
发动机热力学分析	GT-Power
整车性能分析	GT-Drive

2.2.3　细微之处见软件

汽车是一个移动的小城堡，它的完美需要依靠软件的贡献。各种装置的设计背后都有软件的支撑，比如，为了让乘客感到舒适，相关汽车空调的各种工程优化必不可少，如压力损失、噪声最小化、化工反应器混合效率最大化等。美国 Optimal Solutions 软件公司提供的 Sculptor 软件，提供基于任意形状变形的实时变形技术，帮助设计师解决空调管道的外形优化问题，可以大幅节省工程师在需要改变物体外形时重新构建 CAD 几何体和重新划分网格所需要的时间。德国 P+Z 公司开发的 THESEUS-FE，则是一款面向航天航空、汽车座舱的空调系统的软件，专门用于热舒适性分析。一个战斗机座舱，有着复杂的工程考量，需要从人因工程学考虑驾驶员的舒适性。P+Z 公司的母公司[①]，则是一个比较奇特的欧洲集团，既有工程软件业务，也有工装系统业务。它在 2018 年被日本三菱化学所收购。

再来看看动力电池。仅仅是电池电化学模拟，至少就有 10 种以上的软件[②]。如美国 Gamma 公司的性能解析软件 GT-AutoLion[③]，基于开源的 MATLAB 应用程序 Taufactor[④]，电池性能和成本模型软件 BatPaC 等。

某种软件验证过的结果，会是一种信誉的保障。例如 MSC 公司的 Nastran 软件作为美国联邦航空管理局 FAA 认证的产品，成为领取飞行器

① ARRK 官网，https://www.arrkeurope.com/company/arrk-companies/ARRK。2019 年销售额 4 亿欧元，员工 800 人，属于日本三菱化学集团。

② 锂想生活 mikoWoo：《锂离子电池电化学模拟开源软件有哪些?》，2020 年 8 月 8 日，https://www.zhihu.com/question/397775488/answer/1394252864。

③ 艾迪捷软件官网产品中心，http://www.idaj.cn/product/show/id/245。

④ Samuel Cooper："TauFactor"（25 Apr 2020），https://www.mathworks.com/matlabcentral/fileexchange/57956-taufactor.

适航证的唯一验证软件。在学术领域，有些期刊或者课题要求，只有研究结果得到 MATLAB 程序验证，才能得到发表或验收。使用软件本身，构成了一种资格。这是工业软件形成的壁垒，也是新软件在发展中难以跨越之处。

其实，工业软件是一个全球供应商相互嵌入合作的结果。追求全面自主，似乎是一个不可想象的事情。以汽车行业为例，软件方面需要建模仿真与代码生成软件系统，包括美国的系统建模软件 MATLAB、美国 NI 的 LabView、法国达索系统的机电液多学科建模工具 Dymola、德国工程公司 ITI 的 SimulationX、AVL 的动力总成仿真分析软件 Cruse 等；硬件方面则需要实时计算设备，如德国的 dSPACE、美国的 NI、加拿大的 RT-LAB 等。这些国外相关软件与硬件厂商已形成类似 Wintel 的联盟，几乎掌控了复杂系统产品的高端开发技术体系和方法。以汽车电控领域为例，AVL 公司的发动机设计分析软件，再加上德国的实时计算设备 dSpace，一软一硬，几乎主导了当今中国汽车电控正向设计研发技术体系。

2.2.4　自动驾驶起风云

在 21 世纪进入第三个十年之际，汽车自动驾驶正在走向实用阶段。自动驾驶仿真，也成为汽车制造商的逐鹿之地。为了获得足够的安全验证，往往需要十亿级甚至上百亿千米的模拟测试。由于真实道路测试效率较慢，目前很多车企对于自动驾驶都倾向于选择仿真测试。据称，自动驾驶测试的 90％将通过仿真完成，9％通过测试场完成，只有 1％到实际道路上进行。既然智能网联是未来汽车的重点，这里自然驻扎了仿真界的重兵，包括仿真平台（如 VI-Grade 软件）、场景仿真（如 ESI 公司的 Pro-SiViC 软件）、动力学仿真（如 SimPack 软件）、车联网仿真软件（如德国戴姆勒汽车信息技术创新研究所开发的 VSimRTI 软件）、硬件在环（如 NI 公司的软件和硬件）等，有三四十种软件产品聚集在这个尚未建设完全的新处女地，日以继夜地进行密集计算轰炸。成立于 2005 年的德国 VI-grade 公司，凭借着德国汽车产业界的优势，在系统级仿真领域提供高级应用软、硬件产品和服务。该公司提供的汽车驾驶模拟系统，可以大幅度减少对物理样车的需要。

自动驾驶的仿真，可分为两大类。

第一类是关于自动驾驶的环境交互问题，基本可以依靠仿真解决约90%。开发一个自动驾驶的系统，要经历软件仿真，硬件在环仿真，车辆在环仿真，室内实验室测试，再到室外受控场地进行测试。当这些验证合格之后，它终于可以到完全真实的公共道路上进行大规模的路测①。谷歌很早就为自己的无人驾驶车辆 Waymo，创建了模拟场景软件 Carcraft，并建立了真实的测试场 Castle。实际马路、真实测试场的路线，被重新组合后，形成了复杂多样的虚拟城市。谷歌 Waymo 车队，天天在虚拟城市里穿梭不停，从而快速掌握了自动驾驶的本领。场景库是高级驾驶辅助系统软件中很重要的一个概念，也是中国厂商比较拿手的地方。它需要提供基于地图的场景和法规之间的逻辑，积累起来较快，例如腾讯 TAD Sim 场景库、百度 Apollo 场景库等。

为了应对高级驾驶辅助系统对交互环境的需要，仿真软件会加强构建各种场景的能力，将实际路线重新组合成多种不同的路线。许多自动驾驶仿真方案，会采用跟谷歌 Waymo 车队的虚拟城市 Carcraft 一样的思路：一个 1000 千米的路测场地，可以变换成数十万甚至上百万千米的道路。与此同时，这些企业也在进化，通过并购人工智能软件加强对数据的处理。

把自动驾驶仿真看成是一个游戏场景的延续，也并无不恰当之处。从本质来讲，自动驾驶软件其实是一套非常复杂的嵌入式系统。

第二类仿真，针对的则是整车的动力性能、安全性等。把一辆汽车的模型参数化，涉及车体、轮胎、制动等诸多因素，需要处理大量的机械动力学、电磁场、声光电等物理问题，其中许多仍然是传统的仿真问题。这与互联网企业面向以场景为主的高级驾驶辅助系统测试有所不同。早期的仿真软件主要关注车辆的动力、稳定性、制动等方面。例如，创始于 1996 年的车辆动力学仿真软件 CarSim，脱胎于美国密歇根大学交通运输研究所，其主要创

① 佐思汽研：《2019 年 ADAS 与自动驾驶市场发展蓝皮书》，2019 年 10 月 16 日，https://www.zhizhi88.com/articles/869.html。

始人是国际知名的车辆动力学专家。同门的 TruckSim 软件包则主要用于仿真中型到重型卡车以及客车的动力学特性。

一辆汽车的安全性、舒适度、操控性能、燃油效率、电池散热以及排放等，分别是由各自的子系统完成的。因此，需要用一种系统观的角度，提前解决各种子系统相互交互带来的干扰。这意味着，很多子系统必须在整车环境下进行开发。但此时，物理样机根本没有介入，因此这个问题需要在数字世界进行解决。这是基于模型的系统工程最拿手的地方。如德国 IPG 公司的 CarMaker 作为乘用车的动力学仿真软件，提供了车辆动力模型，囊括了从发动机、底盘，到悬架、传动和转向等。它既可以完成开发流程前期所需要的 V 形山谷左坡的离线仿真，也可以在右坡接入 ECU、子系统总成等做硬件在环测试。作为一个附加产品，它也能为其他高级驾驶辅助系统仿真软件提供丰富的模板库。

PreScan 是由荷兰国家应用技术研究院开发的一款测试仿真软件，重点是解决主动安全避撞系统，也可用于高级驾驶辅助系统的仿真。该软件在 2017 年 8 月被西门子公司收购。除了添加场景之外，它还可以对传感器的特性进行模拟，重点解决控制器、各种硬件与动力学模型问题。

电控系统方面做的比较好的是德国的 dSPACE 公司。发动机、变速箱、传动机构的控制器的开发和测试，都可用 dSPACE 的软硬实时机完成。汽车主机厂需要将各种不同的零部件集中在一起，进行综合测试。dSPACE 公司在 MATLAB 基础上开发的面向汽车的硬件模拟方案，可以无缝连接软硬件，快速搭建原型，一体化实现模型在环、硬件在环和系统仿真这三个完整的工作。dSPACE 公司提供的仿真和验证解决方案在汽车行业中已经被广泛使用，在航空航天、电力电子、风机等领域，也都有着巨大的影响。在 2008 年，该软件被禁用于中国军工行业，但对汽车行业仍然是放开的。在新车型上路前的很长时间，汽车制造商及其供应商，需要使用 dSPACE 端到端解决方案来测试新车的软件和硬件组件。

自动驾驶仿真软件，具有非常细腻的层次，具有高度的学科交叉性。车辆动力学、电控等是最基础的研制仿真，属于传统仿真技术公司比较擅长的领域，也是制造知识最密集的地方。它所需要的环境交互，如处理地图软件,搭建路网模型,与各种摄像头、激光雷达等传感器交换数据等,则为致力于发展自动驾驶技术的公司所青睐。

传统仿真技术公司正在抖擞精神,大力购买与智能网联相关的仿真软件,以便基于传统优势继续扩大市场。尽管看上去与热火朝天从事高级驾驶辅助系统仿真的互联网新贵挤在一个赛道里,但这其实只是一种错觉。它们的不同点,要多于相同点。虽然会有一些重合,但二者赛道大部分并不相同。

2.3 流程行业:打开一个黑盒子

石油化工行业是流程行业的代表。其中的工业软件,呈现出另外一番景象。流程行业应用的软件,与离散制造行业应用的软件有很多亲缘关系,例如生产管控、ERP 等。尽管这里也有流体动力学软件、有限元分析软件等通用软件,但又有很多独特的软件。石油化工行业涉及的软件很多,从工程设计、计划调度,到工厂运行、资产管理等软件,覆盖了整个价值链条。

从研发设计来看,很多软件是石化行业所特有的。流程模拟是应用数学方法,通过计算机模拟实际的化工生产过程。对于石化厂家的设计人员来讲,提前确定化工工艺的可行性至关重要。在通用性流程模拟市场表现较抢眼的有美国的 Aspen Plus、AVEVA 的 PRO/II 和霍尼韦尔的 Unisim 等软件,目前几乎没有类似的国产软件。专业流程模拟市场也基本被国外垄断,但广州辛孚科技公司通过分子级炼油模拟,找到了一个很好的切入点。在工程管理如工程总承包(EPC)方面,基本也都是使用国外软件,如鹰图、AVEVA 等的。在二维和三维设计方面,一些国产软件公司挤进市场,包括广州中望、山大华天、中科辅龙等。在计算机辅助分子设计(CAMD)方面,物性计算和化合物数据库都是非常专业的领域,目前也基本被国外的几家公司和大学所掌握。在化工物性数据库方面,北京化工大学、天津大学等则有一些积累。

在生产制造方面,像先进过程控制(APC)、实时优化(RTO)软件等,基本也都被国外软件所占据市场。在 APC 方面,国内的中控技术、杭州优稳等公司，在控制系统DCS方面取得了一定的进展。中控技术的产品是与美国Aspentech的DMC3控制软件进行对标。

流程模拟软件是一种值得特别关注的软件，它主要是用于描述工艺过程的机理。在中国，石油化工行业年产值高达15万亿的，背后是无数的露天工厂和庞大容器，充满了各种化学反应。要搞清楚那些庞大的容器里面，到底进行了何种神秘的聚会是非常困难的。这些反应容器，是一个个巨大的黑盒子，只有谜面没有谜底，化工流程模拟软件则是少见的一扇能够洞察神秘的窗户。在这个领域，国外软件已形成了高度的垄断。

流程模拟作为一种基础性软件，涉及多门学科。它以工艺过程的机理模型为基础，采用数学方法来描述化工过程，进行过程物料衡算、热量衡算等计算分析。它与CAE软件有所不同，CAE软件只能进行工程分析，能发现问题但不能解决问题。流程模拟软件，则可以进行稳态和动态模拟分析等，一定程度上可以给出解决方案。它能根据装置尺寸、原料产品性质、工艺条件等进行模型校准，以便更准确地表达某个单元操作或加工流程，支持后续的分析工作。

在工艺流程模拟软件方面，Aspen Plus、PRO/II、HYSYS等是被国内大多数设计院使用的软件。Aspen Plus适用范围最广，其中的电解质、固体等模块是其他软件难以比拟的；PRO/II在石化行业应用较多；HYSYS则在炼油工程领域有着较多的应用。

表2-2 流程模拟主要软件一览

软件	所属公司
PRO/II	美国SimSci-Esscor公司 （现在属于施耐德电气的AVEVA集团）
Aspen Plus、Aspen Hysys	美国AspenTech公司 （被艾默生公司宣布收购）
UniSim Suite	霍尼韦尔 （源代码来自Hysys）
VMGSim	加拿大Virtual Materials Group （被美国斯伦贝谢收购）

（续表）

软件	所属公司
Petro-Sim/Rsim	英国 KBC 技术咨询公司 （被日本横河电机收购）
gPROMS	英国 PSE 公司 （被德国西门子收购）
ChemCAD	美国 Chemstations 公司
Design II	美国 WinSim 公司

2.3.1 产学研的优等生

Aspen Plus 软件最早源于美国能源部 20 世纪 70 年代后期在麻省理工学院（MIT）组织的大会战。该项目称为"过程工程的先进系统"（Advanced System for Process Engineering，简称 ASPEN），旨在开发新型第三代流程模拟软件，并于 1981 年完成。值得注意的是，Aspen 软件并没有国家知识产权，虽然这是能源部投资的项目。根据美国很早出台的知识产权法《拜杜法案》的规定，国家投资科研项目所产生的知识产权，可以完全交给作者所在的大学。随后，为了更好的商业化，在 1982 年，科研项目负责人以 Aspen 软件为基础，成立了 AspenTech（艾斯本）公司，并开发了 Aspen Plus 的软件，以跟原有软件名称相区分。

作为大型通用流程模拟系统，Aspen Plus 是全球化工、石化、炼油等过程工业中的常用软件。这种软件几乎就是无数本深度教科书。化学大典里的每一页纸，在这里都化作了代码。最重要的是，Aspen Plus 数据库包括了 5 000 多种纯组分的物性数据。其中，近 2 000 种化合物的物性数据，是来自美国化学工程师协会（AIChE）开发的 DIPPR 物性数据库。Aspen Plus 是唯一获准与德国德西玛化学工程与生物技术协会（DECHEMA）的数据库接口的软件，从而拥有最完备的气液平衡及液液平衡数据。这种合作，也跨越了国界。

值得一提的是，AspenTech 公司热衷于进行连续的并购。发展至今，这家公司吞并了大量石化行业的工业软件品牌。AspenTech 公司在物联网时代的最近举动，是它于2019年收购了加拿大初创企业Mnubo。后者从事利用人工智能进行物联网数据分析。在石化行业，自动化巨头比比皆是，软件、硬件结合非常明显。在激烈的市场竞争之下，AspenTech公司想在流程模拟行业站住脚，就需要努力扩大软件地盘。并购也许是它最重要的发展策略。

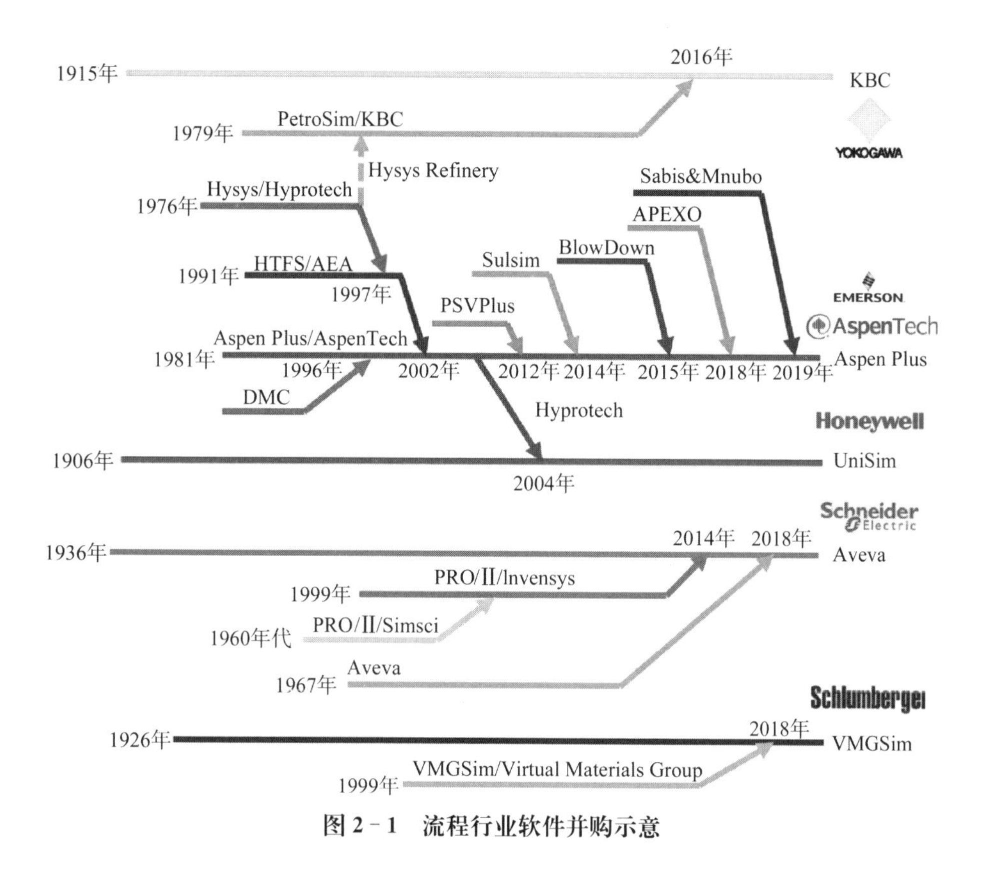

图2-1　流程行业软件并购示意

对于Aspen Plus软件的崛起，中国用户也功不可没。2002年前后是它最受煎熬的时候，国外业界都在谈论对它的并购，当时可能的买家包括西门子、ABB、霍尼韦尔等公司。如果没有中石化、中石油等进行大量软件采购，Aspen Plus这样的软件其实很难生存。在它进入中国的早期，更是有诸多浙江大学化工系的学生对它进行了丰富和性能提升。这些均导致了在中国流程模拟软件基本都是Aspen Plus的天下。

2.3.2 曲线突破

VMGSim 软件是一家加拿大公司 VMG 开发的热力学物性软件包，物性数据库包括了超过 5 600 个纯组分、10 万个二元交互作用参数。这些惊人的数字验证了，这类软件的最大壁垒其实并不是对化学基础理论的突破，也不是软件技术性能的卓越，而是细致、全面的专业性。这些软件的伟大，建立在细致解决工业模型的功能之上。有别于传统软件，这类软件的关键之处并不在于软件有多么精巧或者功能繁多，而是在于覆盖全面、细致入微、稳定可靠，能够精准地对工艺特点进行模拟与预测。开发工业软件，既需要参与者对工艺有深入的了解与认识，又需要参与者懂得计算机编程，能够准确把握相关软件的特点。因此，开发工业软件的天然壁垒高，一方面是对相关人员的综合技术要求比较高，另一方面是对相关工艺技术积累有较高的要求。

看上去亦是流程模拟软件的 VMGSim 没有正面挑战 AspenTech 公司，而是先避开 Aspen Plus 的强项，例如先不去做催化裂化（FCC）等，而是从细分领域、专有过程做起，比如二氧化碳处理、脱硫磺过程等。

这家公司与同处在一个城市的加拿大卡尔加里大学重油实验室有着长期的合作协议，前者甚至在大学里直接租借一层楼，以便于开展共同研发。除此之外，该公司每年投入几十万美元支持大学实验室。卡尔加里大学重油实验室进行全世界油品的特性分析，擅长化学关系式的表达，表征能力很强。另外，VMGSim 软件还覆盖了世界各地的脱硫协会提供的各种实验数据。

这种错位竞争，使得 VMGSim 软件异军突起，硬是从 AspenTech 公司的版图中圈出了自己的地盘。环境保护变得日益重要，目前国内企业做硫磺回收，基本都会使用 VMGSim 软件。VMGSim 软件早在 2004 年前就可以模拟硫磺回收装置，而 AspenTech 公司直到 2014 年通过收购，才补齐了这个短板。

定位清晰的流程模拟软件 VMGSim，2018 年被出售给石油服务巨头美国斯伦贝谢公司，集成到一个基于云的数字化协作平台。这再次说明，在国外大企业的数字化平台之下，都有着厚重的工业软件基础。中国企业曾经有机会参与这样的并购，但是以往国内企业更重视硬件的投入，对软件的重要性认识不足，很多时候并不会把软件当作重要的资产来对待。

2.3.3　自动化并购软件成为潮流

KBC早期是一家英国技术咨询公司，面向全球油气、炼油和化工领域，为石油和天然气的上游（勘探和生产）、下游（炼油）行业提供从市场分析、项目可行性研究，到工厂运行效率优化和企业效益优化等技术咨询。

不出意外，这类技术咨询公司一开始就有着很强的软件意识。流程模拟软件既是第三方咨询公司进行技术咨询过程中的必备分析工具，也是用户对工作持续进行优化增效的支撑。从20世纪80年代初开发自有工艺装置模拟、炼厂全流程模拟开始，KBC公司不断增强其在流程模拟软件上的投入。1998年，KBC收购了一家美国炼油模拟软件公司，进一步增强其在装置反应机理模型上的领先地位。2001年，KBC公司与加拿大的Hysys合作，联合推出基于流程图建模方式的炼厂全流程模拟软件。基于这个结果，KBC公司在2004年推出了Petro-SIM流程模拟软件。该软件以严格的反应动力学与热力学理论为基础，包含独特的烃组分表征技术和炼油装置反应机理模型，形成了基于严格机理的炼油厂全流程模拟软件，在该领域做到了全球领先。

随着全球各个行业的整合，单打独斗的技术咨询公司，普遍感受到了被并购的压力。2016年1月12日，AspenTech公司宣布将收购KBC公司。令人大跌眼镜的是，这笔看上去合理的买卖，却被野心勃勃的日本横河电机公司横刀夺爱。横河电机在收购KBC公司后第二年，正式推出知识专家系统KBC Co-Pilot。正如飞机副驾驶利用额外知识协助正驾驶，KBC Co-Pilot利用专业知识和见解为工厂提供支持，这些解决方案可以用于炼油装置的远程效能监控。横河电机公司已经不满足于占据硬件控制系统的领导地位了，大力发展软件成为它推动工业智能业务的尖刀战略。

2.3.4 硬件的影子

流程行业的工业软件，与离散制造行业的机械 CAD 软件一样，都精准地反映了计算机硬件的变化。作为最早推出通用化工稳态流程模拟软件的公司，SimSci 可以看成是一个硬件与软件技术同步进化的刻度尺，它精确地反映了硬件的变化。早在 1967 年，SimSci 公司开发出了世界上第一个炼油蒸馏模拟器。那个时候，软件只是硬件微不足道的附属，商业性也不明显。六年之后，当计算机图形时代崭露头角之时 SimSci 又推出了基于流程图的模拟器。它被用于烃类加工工业的设计，显示了它在商业上的潜在价值。又过了六年，基于 PC 机的流程模拟软件 Process 正式推出。这就是 PRO/II 软件的前身，随着仿真模拟功能的完善，它成为该领域的行业基准。可以说，相对于机械制造，流程行业无论是在自动化方面，还是在软件模拟仿真方面，都远远走在了前面。

大放异彩的 Hyprotech 公司也是得益于计算机的发展。Hyprotech 在 1980 年推出了在小型机上运行的系统，在 1984 年紧紧跟随 IBM PC 的发布推出 PC 的版本。1995 年微软的 Windows95 发布，对工业软件而言是一个石破天惊的里程碑。微型计算机的高速发展及 Windows 软件的推出，改变了 DOS 对微机资源及单任务的限制，使得动态模拟系统在微机上运行成为可能。Hyprotech 抓住了这个机会，率先开发出微机版动态模拟系统 Hysys1.0，一举夺魁，成为石油化工领域第一家由稳态模拟转向动态模拟的公司。

机械制造领域的 CAD 软件公司同样听到了那块石头激起巨浪发出的声音。在美国，基本已经确立市场地位的三维设计软件，迎来了新锐的力量。无论是 Autodesk 公司，还是 Solidworks 公司，抑或独家建模技术的美国参数技术公司，都依靠 PC 机的发展而异军突起。那些绑定 Unix 系统、工作站、小型机的老牌 CAD 软件公司，如响当当的 CV 公司等，最后基本都全军覆没。

计算机硬件的变化，犹如陨石撞击地球，灭绝了恐龙，也带来了很多新生的物种。

2.3.5　来自大学的星星之火

工业软件的早期发展留下了校园的身影，流程模拟软件也不例外。工业软件产值很小，即使是流程模拟软件，在中国的产值每年也不过约十亿人民币的规模。AspenTech公司发展了四十年，直到今天也不过是一年几个亿的规模。这种情况决定了，它的产生，很难靠市场投入来实现。星星之火，往往会来自大学。

这样的例子很多。Hyprotech公司的创始人之一是加拿大卡尔加里大学化工系的教授。gPROMS流程模拟软件是PSE公司开发的通用工艺过程模拟系统，可以用于工艺过程建模、模拟和优化。PSE公司源自英国帝国理工大学的团队。美国的GT-PRO是一类专门用于电厂热平衡类计算的专业软件，产品包括燃气轮机系列和火力发电系列，可以有效地兼容通用电气、ABB、Alstom等公司的燃机模型库。这家公司脱胎于美国麻省理工学院，与AspenTech公司的诞生几乎有着如同一样的剧本。

这给人留下一种印象，大学能够成为工业软件最重要的摇篮。当然，它背后的一套转化机制更为关键。

中国的流程模拟软件落在了青岛化工学院（现在已经更名为青岛科技大学）的身上。1987年，青岛化工学院就已经开发出可以在微型计算机运行的通用流程模拟软件ECSS（Engineering Chemistry Simulation System）。这个软件采用当时最常见的序贯模块法，是中国自行开发的第一代流程模拟软件的代表。可惜的是，与其他高校开发的软件情况类似：技术不错，但用户体验很差。

而加拿大Hysys的软件设计，一开始就充满了极简主义，旨在让工程师易学易懂，在使用过程中能随心所欲地进行设置。这种软件一旦在用户端落地，就会扎根盘踞，因为用户替换软件往往是非常困难的。缺乏用户知识的回馈和打磨，也令ECSS软件举步维艰。甚至都很难说，ECSS是一款商业化软件。三十多年来，这款软件犹存，留下了中国流程工业软件的许多回忆。

如何开启未来，还需要仔细斟酌，并选择合适的突破战略。

2.3.6 扶持与监管

从流程行业工业软件的发展,能够清晰地看出美国对于工业软件的扶持和监管思路,以借鉴其简洁明了、驾轻就熟之处。归结为两点:一是大力扶持基础研究,二是坚决避免垄断。

Aspen软件可以看成是美国工业软件三部曲的完美诠释。

第一曲:政府资助,企业协助。Aspen软件,是由美国能源部的500万美元的项目委托开始。在政府投入的带动下,所接触的第一批企业既是金主,也是用户。

第二曲:产权转让。项目结束后,产权完全留给学校和教授。教授担负起企业家的角色,大踏步实现从实验室软件向商业化软件的迈进。

第三曲:社会资金依次跟上。在风险投资的帮助下,AspenTech公司很快得以上市,每股价格从上市时的10美元,上涨到一年后的80美元。成功上市,极大地拓展了这款工业软件本来狭窄的生存空间。拥有资金之后,后续一系列的并购,巩固了先行者的江山。

工业软件,既是用钱堆出来的,也是用户用出来的。每一个阶段,都无法离开精心设计的资金支撑和用户支持。

然而,做大做强的工业软件商,如果走到了接近市场垄断的地位,政府也会坚决出手,制止垄断发生。在2002年以前,市面上的流程模拟软件主要是Aspen Plus、加拿大Hyprotech的Hysys和美国Simsci的PRO/II。三足鼎立的局面,初步形成。

然而,野心膨胀的AspenTech公司另有所思。尽管它在静态模拟方面一枝独秀,但在动态模拟方面,却是落后于加拿大的Hyprotech公司。此外,随着分布式控制系统(DCS)在流程行业的崛起,一种全新的操作员训练软件(OTS)当时广受化工用户青睐。在20世纪90年代,Hyprotech公司和美国的ABB Simcon公司一起成为世界上最有名的OTS供应商。这两个公司几乎瓜分了世界上仿真培训业务70%市场份额。上述两个原因使得AspenTech决定吞并Hyprotech公司,Hysys也因此成为AspenTech公司旗下的软件。

三家变成两家，三强均衡的局面被打破，AspenTech公司形成事实上的垄断。这立刻引起了美国政府的注意。为了防止垄断所造成的创新阻断，政府开始进行干涉。两年后，美国联邦贸易委员会裁定垄断成立，AspenTech公司不得不将Hyprotech公司和Hysys的源代码对外出售。

此时，让我们来看一看流程行业自动化控制系统的主角之一，霍尼韦尔公司。它在DCS控制系统已经占有不可动摇的市场统治地位，然而对于流程模拟与优化，却是攻门乏术。对于美国的裁决，霍尼韦尔可以说是喜出望外，立即购买了Hysys的源代码，并在此基础上开发出一款全新的流程模拟软件：Unisim。结果，霍尼韦尔在流程模拟领域和培训软件仿真方面都收获颇丰。

三强之战的另外一家Simsci则相对较弱。2002年前后，Simsci被英维思公司收购，后者则在2014年又成为施耐德电气的囊中之物。目前PRO/II软件已经被整合到施耐德旗下的AVEVA中。依然是三分天下，只是换了一种方式，相对均衡的竞争局面依然存在。

2021年10月，石破天惊，流程自动化公司艾默生（EMERSON）宣布以60亿美元收购AspenTech公司55％的股份，并将旗下软件与后者合并。这像是一个工业软件的拐点，独立的第三方流程模拟软件已经重新界定身份，与自动化巨头形成新的生存方式。

2.3.7　追赶者的步伐

在中国，工业软件的起步向来不晚，在每一个领域都是如此。无论是流程模拟软件，还是CAD软件、CAE软件、EDA软件，中国的大学、科研院所的学者们，几乎与美国、法国等同时看到了划破黑暗的那道明亮闪电。在当时，软件不是什么保密的贵重物品。例如，美国加州伯克利分校的许多软件的源代码，无论是CAE软件的，还是EDA软件的，都曾作为学术交流的礼物，被赠送给北京大学、北京航空航天大学等学校的学者。中国也推出了很多可以应用的工业软件。20世纪80年代，是国产工业软件发展的美好时光。可惜的是，彼时，对于工业软件的价值认识不够。

流程模拟软件是无数卡住中国制造业喉咙的工业软件之一。在这个领域，群情激昂，充满了突破的雄心。然而，工业软件的发展，向来不是五十米冲刺。一时半刻的慷慨投入，无法保证软件的成功。石化行业流程模拟软件涉及的大量物性参数和经验常识，是后来追赶者所需要解决的重大问题。国外的流程模拟软件，背后有很多化工协会、工程公司等提供大量的化学参数库。广泛且深入的并购，也促使跨国化工行业的知识在软件编码层面得到了极大的融合。全世界的智慧悄无声息地内隐在软件之中。

这意味着，单独靠软件开发商不可能完成一个完整的软件开发。如果没有大学、科研院所的参与，没有石化行业领导层的决策，没有用户工程师的配合，开发出的软件没有成功的可能。正如在各个领域能看到的一样，工业软件的发展需要用一场马拉松的叙事方式。唯有时间的长镜头，唯有合作的广角度，才能看见工业软件这种体量微小的杠杆支点，撑起大厦的力量。

第三章

工业软件强国启示录

3.1 美国:国家意志的力量

美国最早发展CAE软件是从美国国家航空航天局开始的。在国家资金的支持下,美国国家航空航天局开发了著名的有限元分析软件Nastran。1971年MSC公司改良了Nastran程序,使之成为美国仿真软件的鼻祖。

3.1.1 国家战略投资计划

CAE软件产业的萌芽是在领先的美国航空航天和国防科技工业中诞生的。美国的科学家认识到,计算正在成为与理论和实验并列的第三种科学研究范式。他们清晰地定义了这种变化,并将之呈报给美国政府。美国政府采纳了科学家的观点,并通过各种国家战略计划投资众多科学计算基础设施,实施了大量产业培育举措。这是CAE软件产业最早在美国得到蓬勃发展的一个重要因素。

在"再工业化"的浪潮中,美国尤其重视建模仿真技术在制造业发展中的作用,再次明确了CAE软件产业的战略地位。2009年美国"竞争力委员会"白皮书《美国制造业——依靠建模和模拟保持全球领导地位》,将建模、模拟和分析的高性能计算,视为维系美国制造业竞争力战略的王牌。2010年美国发布的《高性能计算与美国制造业圆桌会议报告》白皮书,指出高性能计算建模与模拟能够显著缩短设计周期等,加强竞争力。2011 年,美国推出高端制造合作伙伴计划(AMP),重构先进制造发展理念,重点发展三大领域:一是开发面向复杂系统的设计工具,二是开发模块化制造设备,三是提供开放式参与平台——围绕数值模拟技术的工具和应用软件平台。2012 年,美国发布《国家先进制造战略计划》,再次明确将重点发展数值模拟分析技术。

在国家战略层面,美国把科学计算和建模仿真作为服务于国家利益的关键技术,一直在进行持续性的投资。

3.1.2 CAE 软件的伴生工程

产业发展的核心是培育多方产业主体,确定其在价值链上的上下之分,促使他们在市场竞争和商业运作中持续协调和发展新的关系,直到价值链解体和再造。CAE 软件产业发展的核心需求,源于美国军方对装备技术数据的数字化要求,以及美国军工企业对工程过程和工程环境的数字化和智能化需求。美国军方和军工企业通过各种工程发展计划表达和实现相关的发展需求,由此产生的大量的共性技术成果,经过各种技术转化机制进入产业界,创造了众多的创业机遇,成为美国 CAE 软件产业发展的源头活水。

表 3-1 美国推动科学计算和建模仿真的战略举措

时间	战略事件
20 世纪 70 年代	美国国家科学基金会(NSF)在 20 世纪 70 年代资助布鲁斯·雅顿(Bruce Arden)领导的研究项目:计算科学和工程研究(CSERS)。该项目将计算定义为"对工程、科学和各种业务领域中的信息处理过程的自动化"。在 20 世纪 80 年代,计算机的能力已经变得足够强大,具有远见卓识的科学家们逐渐意识到计算机可以用来解决科学和工程中的重大问题,并逐渐形成了"计算就是信息处理过程的自动化,不仅仅是科学研究的工具,更是一种进行科学思考和科学发现的崭新方法"这个具有范式转移意义的共识,进而形成了著名的"计算科学"运动
1981 年	以哈佛大学普雷斯(W. H. Press)为首的 11 位著名科学家联名上书,向美国国家科学基金会呈送"发展计算物理的建议书",疾呼计算物理发展正处于一个危机阶段,是美国国家科学基金会采取实质性行动的时候了

（续表）

时间	战略事件
1983 年	1983 年在美国国防部、能源部、国家科学基金会及国家航天局等单位支持下，以美国著名数学家拉克斯(P. Lax)为首的多学科专家委员会向美国政府提出的报告，强调“科学计算是关系到国家安全、经济发展和科技进步的关键性环节，是事关国家命脉的大事”。这就是著名的“拉克斯”报告，当时轰动美国朝野，总统科学顾问随即到国会作证，敦促政府迅速采取措施
1984 年	美国国家科学基金会建立了“先进科学计算办公室”，制定全面高级科学计算发展规划；连续 5 年累计拨款 2.5 亿美元
1987 年	美国国家科学基金会把“科学与工程计算”“生物工程”“系统科学”作为三大优先重点支持的领域
1990 年	美国国家研究委员会发表《振兴美国数学：90 年代的计划》报告，建议给予计算数学特殊的鼓励和资助。报告指出：计算机为数学提供了一条通往科学和工程技术每个领域的重要通道，也开辟了一个新的数学时代
1991 年	在美国和多国科学家的共同努力下，美国国会通过了“高性能计算和通信(HPCC)”总统行动计划，旨在探索采用计算方法解决科学和工程中的重大挑战。该计划为期五年(1992—1996 年)，由美国 8 个重要部门负责实施。投资的重点(43%)是发展先进的软件技术与并行算法，关键技术是可扩展的大规模并行计算
1993 年	美国时任总统发布“发展信息高速公路(NII)”总统令
1994 年	美国时任总统发布“建立国家(地球)空间数据基础实施(NSDI)”总统令
1995 年	美国实施“加速战略计算创新(ASCI)计划”。这个计划的背景是美国克林顿总统在 1995 年 8 月 11 日宣布：“美国决定谋求真正的‘零当量’全面禁止试验核武器条约。”这意味着核武器计划新时代的开始，通过逼真的建模和模拟计算来取代基于实物试验的工程处理方法。这主要依赖于先进的数值计算和模拟能力。该计划组建了“战略计算和模拟办公室”，由国防部副部长领导，致力于开发高级应用软件，致力于发展高性能计算，建立解决问题的环境，促进战略联合的协作
1999 年	1999 年初美国总统信息技术顾问委员会提出报告《21 世纪的信息技术：对美国未来的大胆投资》，发起 IT2 计划，在 2000 年度财政预算中有关信息技术方面的投资增加 28%，重点向信息技术研究、用于科学和工程的高级计算、信息革命的经济和社会意义研究等三个领域投资。该计划指出，要使得计算成为与理论和实验同等重要的科学发现工具
2004 年	美国总统信息技术顾问委员会的报告指出，“对数学和计算科学算法的持续开发和改进是未来高端体系成功的关键。算法的改进对性能的贡献，往往超过处理器速度的提高”

（续表）

时间	战略事件
2005 年	美国总统信息技术咨询委员会向美国时任总统递交报告《计算科学：确保美国竞争力》
2006 年	美国国家科学基金会发布《基于仿真的工程科学（SBES）》报告，指出计算机建模和仿真，是工程和科学取得进步的关键因素

资料来源：根据公开资料整理。

3.1.3　美军 CALS 计划

20 世纪 80 年代中期，美国国防部提出了 CALS 计划，其含义是“计算机辅助后勤保障”，实施的重点是推广装备产品的电子技术手册。在 20 世纪 90 年代中期，美国国防部将 CALS 的内涵发展为“持续采办与全寿命支持”，并明确提出实施 CALS 的发展目标是营造“集成数据环境（IDE）”。

30 多年来，美国国防部一直将 CALS 看作是武器装备采办工作从基于纸张的手工工作方式向高度电子化、集成化和自动化过渡的一项战略措施，在很多武器装备型号中实施 CALS，取得了明显的效益。美国国防部的经验在国际上产生了很好的影响，被很多国家采纳。进入 21 世纪以后，CALS 有望在前两个阶段的发展基础上，进一步成长为武器装备产品和工业产品的“电子商务”。

在 20 世纪 70 年代至 80 年代期间，武器装备的发展十分迅速，后勤保障需要的技术资料种类繁多、数量巨大，培训、维修和保养等工作难度十分大。另一方面，尽管 CAD、CAE 和 CAM 技术已经成功运用于军工领域，但是武器装备承包商依然在采用手工方式向军方交付纸介质的各种管理文件、技术文档和后勤保障技术手册。使用手工方式交付纸介质技术手册的传统做法，已经成为制约当时美国军方装备后勤保障的突出问题。

面对大型复杂武器装备研制周期长、可靠性和可维修性差、研制费用和后勤保障费用高等诸多问题，美国国防部研究和推广并行工程思想和集成后勤保障等工程理论，使得在武器装备的研制设计早期阶段，就充分考虑到生产制造和维修保障等阶段的问题，同时提出 CALS，将计算机技术应用于武器装备后勤保障工作。美国国防部在1990年9月28日发布军用手册《计算机辅助采办与后勤保障计划实施指南》(MIL－HDBK－59A),在附录A中明确指出“实施CALS的近期工作主要是向承包商采购保障维修武器装备所需要的电子化备件工程图样、维修技术手册、后勤保障分析记录等”。因此,在20世纪80年代到90年代初期,实施CALS的重点放在研究和推广交互式电子化技术手册(IETM)方面。

在实践中,美国军方和美国军事工业界逐步认识到,不能把CALS仅看作像CAD或CAM那样单纯的“计算机辅助技术”,而是应逐步将CALS的内涵发展为“持续采办与全寿命支持”,明确提出CALS的发展目标是“集成数据环境”,为军方与承包商协同运作武器装备采办及武器装备研制生产创造条件。1996年,美国国防部CALS办公室发布《国防部集成数据环境技术计划》,再一次把CALS的最终目标定位为实现集成数据环境。在集成数据环境中,把武器装备等大型复杂产品各方面的信息数据,包括产品技术数据和项目管理数据有序存储在大数据库内,相关的工作人员可以随时随地通过网络提交和获取需要的工作信息。实施以“持续采办与全寿命支持”为内涵的CALS,其工作重点是推进系统集成和信息集成,发展集成数字化信息环境。

3.1.4 “先进工程环境”研究计划

“先进工程环境”研究项目,是由美国国家科学院和美国国家航空航天局共同发起,由美国国家研究委员会工程技术系统分会航空航天工程专业组先进工程环境研究组负责实施。研究组成员来自洛克·希德马丁公司、兰德公司、波音公司、福特公司、维吉尼亚大学、休斯顿大学、乔治亚理工大学、普渡大学、美国海军研究生院等军工企业、咨询公司和院校。该研究项目从1998年开始,对两个阶段进行研究。第一阶段着眼于未来5年内的先进工程环境(AEE)发展需求,第二阶段着眼于未来5—15年内AEE的发展需求。

AEE研究项目定义了“先进工程环境”的概念,并识别了发展先进工程环境的历史性机遇,这种机遇是建立在过去15年里CAD/CAE/CAM技术的成熟应用基础上。先进工程环境可能产生的影响或可与互联网鼻祖阿帕网（ARPANET）相提并论，但面临的技术挑战远大于阿帕网，因此需要尽早以政、产、学联合的方式推进，开发开放式集成架构和功能配置，引导可用可互操作软件工具的开发，实施让软件产业和军工企业皆可从中受益的科技成果推广应用方案，集中进行知识管理等。

AEE研究项目指出，专用软件工具应留给产业界研究开发，政府部门组织的研究力量不应该过于关注商业工具能够解决的问题。相对应的，政府组织应通过一系列措施，支持共性通用的先进工程环境技术、系统和实践的开发。

在AEE研究过程中，美国国家航空航天局启动了“智能综合环境”项目，为AEE赋能，具体包含五方面的要素，分别是：快速综合与仿真工具；成本和风险管理技术；全生命周期集成与验证；协同工程环境；文化变革、培训和教育。美国国防部也资助了一系列技术和过程研发项目。比如，美国国防部高级研究计划局（DARPA）的“基于仿真设计倡议”，是为了开发开放灵活的系统，以支持使用虚拟样机、虚拟环境和共享产品信息模型的并行工程。国防部及各军兵种的实验室也积极推动基于仿真的采办，为军工企业的专业技术力量提供集成于采办流程的协同仿真技术，特别提出要有效使能集成产品和过程开发（IPPD）。

在AEE研究过程中，美国国家科学基金会在“知识和分布式智能项目”中，资助了一系列跨学科研究。美国能源部发起了“分布式协同实验环境”项目，定义了通过虚拟实验室聚集美国国家实验室资源的系统需求。

AEE研究论证了在未来5年（1998—2003年）和5至15年（2003—2013年）这两个阶段推进先进工程环境的举措，定义了政府、产业界和学术界在其中应承担的角色和责任，并预见性地指出，未来的先进工程环境一定是建立在互联网技术的基础上，需要攻克“互操作性”和“应用组合”这两大难题。

3.1.5　美国国家航空航天局成功的核心要素

美国国家航空航天局的行动，揭示了技术软件化行动的核心。正如美国国家航空航天局技术转化执行主任丹尼尔·洛克尼指出的：软件始终是美国国家航空航天局成功的核心要素。从2014年起，美国国家航空航天局开始发布软件转化目录，以软件为载体，向工业界进行技术转化。该目录包含了15个技术领域，每两年更新一次，目前大约有2200多种技术软件正处于转化流程中。

软件已成为定义技术的新媒介。在美国国家航空航天局的软件目录中，既有“业务系统和项目管理”“数据服务器运营和维护”“设计和集成工具”等人们熟知的工业软件，也有“数据和图像处理”“自治系统”等通用的自动化软件，但更多的是“材料和工艺”“系统试验”“推进”“电子电力”“结构与机构”“执行器”“环境科学”“运载器管理”“航空”等专业技术软件。这表明在美国，软件已经成为科研机构和工业企业之间进行技术流通的普适媒介。

这个建立在大量实践基础上的务实创新，是一艘巨大的孵化航母。据丹尼尔描述，从2009年起，美国国家航空航天局已经通过各种形式向工业界转化了5000多个软件项目，取得了显著成效。

表3-2　美国国家航空航天局技术软件转移内容

编号	类别	软件内容	2014年数量	2015—2016年数量	2017—2018年数量
1	业务系统和项目管理	采办、业务处理、资产管理、风险管理、计划	111	76	43
2	数据服务器运营和维护	算法、数据管理、路由、服务器、存储	84	81	60
3	材料和工艺	零部件、制造、产品工艺、复合材料	17	8	14
4	系统试验	声学、冲击、振动、热真空、泄露压力、试验标准、试验管理和计划、空气动力学试验	75	67	69
5	推进	推进剂、影响因子、发动机性能分析	39	33	53

（续表）

编号	类别	软件内容	2014 年数量	2015—2016 年数量	2017—2018 年数量
6	电子电力	太阳能阵列、电池、电缆、接地、转换器、电场分析	8	7	8
7	执行器	地面软件、遥感探测、指挥与控制、全球定位系统、舱外活动、无线电、通信	94	96	57
8	结构与机构	展开结构、结构载荷分析与设计	10	9	20
9	环境科学（地球、大气、空间、星际）	陆地环境、行星大气建模、防辐射	87	82	65
10	设计和集成工具	运载器/有效载荷建模与分析、组件和集成系统仿真	151	40	77
11	乘员和生命保障	生物传感器、食品、生物分析、乘员服务、人类基本模式与认知	30	27	26
12	自治系统	机器人、自动化系统、系统健康监测	39	36	21
13	运载器管理（空间/大气/地面）	飞行软件、空间飞行器进程管理、指令和数据处理、基础设施管理	54	57	42
14	数据和图像处理	算法、数据分析、数据处理	38	31	87
15	航空	航空交通运输管理工具、建模和仿真工具	33	34	56
合计			870	684	698

资料来源：根据公开资料整理。

丹尼尔在 2016 年就美国国家航空航天局的技术转化接受采访时表示，加速航空航天科技向私企转移，为公众谋福利，是美国国家航空航天局的愿景。四年的时间，已经促成的美国国家航空航天局专利授权增长了 2.5 倍，数量是美国国家航空航天局向公众发布软件的两倍。

对美国CAE软件产业发展历史的调研和思考，可以产生三点启示：第一是国际工业软件市场已经进入寡头竞争和平台竞争的时代，CAD软件和CAE软件会日益下沉，变成功能组件和技术支撑组件，成为编译器、驱动器、操作系统内核这些角色。第二是CAE软件承载了工业技术知识的分析、验证和确认过程，是创新的核心要素。第三是持续的国家投入。比如美国制造创新研究院2015年成立的数字制造创新院，继承了早期美国军方CALS计划、先进工程环境项目、基于模型的企业（MBE）等伴生工程的成果。

这是一环扣一环的国家持续性建设的姿态。可以用同样的梳理角度，来看美国如何支持EDA软件的发展。

3.1.6　给EDA软件插上翅膀

电子设计自动化（EDA）软件，正演变成半导体市场上的利器。EDA软件在整个全球只有区区100亿美元的产值，却主宰着5000亿美元的全球集成电路市场，以及它背后近1.5万亿美元的整个电子产业。仅仅从EDA软件对集成电路的影响而言，杠杆力高达50倍。在中国，这个杠杆效应更大。中国作为全球规模最大、增速最快的集成电路市场，其集成电路市场规模在2018年已经达到2万亿元人民币，而EDA软件在中国的市场体量仅为35亿元人民币①，粗略计算可以认为这个杠杆力为570倍。

那么，这种具有杠杆效应的EDA软件工具是如何炼成的？除了大规模研发、产业链的融合等因素之外，政府的推动和产业共同体的发展，也是非常值得琢磨的因素。如果有人认为EDA软件只是一个信息化软件，或者只是一个工具，那么这种认知是对科学与工程的双重失敬。实际上，EDA软件是人类工程史上一座宏大的建筑。

人类应用EDA软件成功地设计了世界上最为复杂的、以指数级增长的

---

① 只说数码科技：《起底芯片之母——EDA软件，中国离世界顶尖水平，有多大的差距》，2019年7月5日，http://baijiahao.baidu.com/s?id=1639103195948641172&wfr=spider&for=pc。

超级微雕物理宫殿。从 1971 年第一个拥有 2 250 个晶体管的微处理器(Intel 4004)开始,到拥有 103 亿个晶体管的华为最新移动处理器麒麟(Kirin) 990,都离不开进化的电子设计自动化(EDA)技术相伴。

只有理解 EDA 技术的复杂性,清楚 EDA 技术远远超越了普通工具与算法,才能真正从科学上敬畏它,从战略上重视它,从机理上解读其持续性的发展。没有工程思维,不可能理解工业软件的复杂性。在它的底层,基础研究至关重要。虽然美国 EDA 软件企业已经取得了绝对垄断的地位,但美国政府从来没有放弃对它的资助,而是以一种持续加码的方式,推动 EDA 软件基础研究的发展。

美国国家科学基金会和半导体研究共同体(SRC)为 EDA 技术研究插上了翱翔蓝天的翅膀。2006 年 10 月,美国国家科学基金会和半导体研究共同体举办了一个联合研讨会,研究设计自动化(DA)的未来方向。他们建议通过一项"国家设计倡议(NDI)"以加强对设计技术和工具的研究,重点关注三个研究领域:一是开发更新、更强大、面向信息物理系统的设计科学和方法,将设计生产力提高一个数量级,超越当前包含数十亿晶体管的系统集成技术;二是建立更稳健的优化方法,为高可变、多领域、高度不确定的集成系统提供可靠的性能保证;三是极大改进交互界面,支持高级系统的量产,以最大限度地利用技术。他们在技术目标与经济目标之间建立联系,使公众确信类似的努力对"保持美国在纳米和微系统集成设计方面的领导力地位"至关重要。

美国国家科学基金会的主要任务是促进突破性的发现,掌握每年 70 亿美元左右的投资预算,投资目录十分丰富。由于 EDA 技术研究领域的范围十分广阔,从高层的混合信号系统综合到微观新兴技术密集的多尺度模拟,所以对 EDA 技术项目的投资在主干之外,还有许多偶发的支流。比如,像信息技术研究计划(ITR)和国家纳米技术计划(NNI)这样的专门研究计划也会为 EDA 技术研究提供额外的投资。在 1999 至 2004 财年的 5 年间,ITR 每年为设计自动化提供约 300 万美元的资助。工程理事会(CISE)直到 2005 财年仍能从 NNI 拿到 200 万美元用于与设计自动化相关的研究。

此外,美国国家科学基金会还通过其职业奖励计划支持年轻的研究人员从事 EDA 技术研究，每年会专门支持五六个 EDA 技术新项目。研究人员也能从其他的研究项目中拿到对于 EDA 技术研究的资助，比如纳米相关研究项目或嵌入式系统研究项目等。

EDA 技术作为兼具理论和工程的学科，需要强大的计算基础设施支持，这使得它的研究成本十分高昂。处于工程与计算机科学的交界地带，EDA 技术是计算机科学解决工程问题的应用范例。虽然 EDA 技术研究必然受到工程需求和约束的限制，但是针对 EDA 问题的解决方案一直以来都是通过数学和计算机科学的核心理论来实现的。其次，解决 EDA 技术问题取得的成果可以用来帮助解决数学及计算机科学领域的开放问题。例如，验证是基于数学和计算机科学理论的，但它本质上是多学科的，涉及验证研究人员，以及在待验证系统方面具有丰富知识的领域专家。

如果视野放得更宽，可以发现 EDA 视角在解决其他科学问题方面也是非常有价值的。例如，研究人员正在将 EDA 思想应用到解决物理、化学、系统生物学和合成生物学问题的工具开发中。这正是既有计算、又有信息学、还有工程要素的融合之地。因此在美国国家科学基金会对 EDA 技术的管理体系中，计算机、信息科学与工程理事会是主要操盘手。

美国国家科学基金会对 EDA 技术研究的投资额度在每年 800 万美元到 1 200 万美元之间波动，大部分的投资来自美国国家科学基金会核心发展投资计划之下的计算机、信息科学与工程理事会和电气通信和网络工程分部（ECCS）。计算机、信息科学与工程理事会和数学科学部联合主办的计算机科学与数学跨学科项目也会提供部分资金。也就是说，计算机、信息科学与工程理事会和电气通信和网络工程分部每年掌握大约 7 亿美元左右的投资额度，投给 EDA 研究的大概占到 2%左右。

那么，美国国家科学基金会到底资助了多少个 EDA 技术相关的项目呢？2015 年，IEEE 的一个工作组聘请了两位资深的 EDA 项目经理对美国国家科学基金会资助过的 EDA 技术项目进行识别，最终统计出从 1984 年到 2015 年，有近 1 190 个美国国家科学基金会研究课题是与 EDA（DA）技术强相关的。平均下来，相当于每年 40 个新项目，持续 30 年的基础研究投入。这反映出美国对 EDA 软件基础研究的态度。

关于半导体研究共同体(SRC),则是另外一个扶持 EDA 研究的故事。半导体研究共同体是世界领先的大学半导体和相关技术研究联盟,是推动美国半导体共性技术发展的关键性力量。行业合作伙伴包括 AM 公司、格罗方德公司、IBM 公司、英特尔公司、美光科技公司、雷神公司、德州仪器公司和联合技术公司。

在 1982 年半导体研究共同体成立的时候,设计科学是其最初的焦点领域之一,EDA 技术研究是这个焦点领域的主要部分。设计科学基金的预算,独占半导体研究共同体预算的四分之一,其余的预算则投向技术和制造业。发展至今日,半导体研究共同体依然专设"计算机辅助设计和测试"的研究领域,归属于"全球协同研究中心"旗下。半导体研究共同体接受来自联盟企业的捐款,每年安排数百万美元的资金用于 EDA 技术的研究。

半导体研究共同体并不急于立刻盈利,它关注的是未来颠覆性和前沿性技术。2013 年前后半导体研究共同体公布了"星网"计划,这是和美国国防部高级研究计划局联合投资的大学研究中心网络——跨越 24 个州的 42 所大学,计划在五年内向六个大学研究中心投资 1.94 亿美元,重点研究下一代微电子技术。半导体研究共同体清楚,"星网"计划所研究的技术可能至少在未来 10—15 年内都不会具有商业可行性,但成员们将能够对产生的 IP 进行再授权。"星网"计划是"焦点中心研究计划"(FCRP)的延续。2008 年,全国共有 5 个"焦点中心研究计划"中心,其中 GSRC 和 C2S2 中心与 EDA 研究项目直接相关,来自这两个中心的与 EDA 研究相关的资金估计在 400 万美元到 500 万美元之间。

半导体研究共同体在整合行业资源、专注于共性技术研发方面起到了关键作用,美国国家科学基金会也在探索类似的联合资助模式。他们与美国国防部以及工业界缔结了牢固的联合投资机制,每年将大约 2 000 万美元的资金投向 EDA 技术研究领域。

如果按照技术成熟度等级的标准看,美国国家科学基金会资助的 EDA 研究项目大多位于 1—3 级之间,然后接力棒将交给半导体研究共同体,由半导体研究共同体资助技术成熟度在 4—6 级之间的研究项目——著名的"创新死亡谷"就在这个范围。

有些人可能认为，由于 EDA 研究解决的问题通常与产业直接相关，所以产业应该是其主要的财务支持者。这种观点部分是正确的。EDA 软件三大巨头都在投入巨资做研发。同时，这些企业也非常关心基础研究，一直是 EDA 基础研究的积极支持者，他们会通过半导体研究共同体进行基础共性技术的投资。

各家企业单独用来进行 EDA 技术基础研究的资金十分有限，即使在经济形势好的时候，也难以支撑 EDA 研究的需求，因此需要通过共同体将研究资金聚集起来，集中力量进行产业共性技术创新。这正是半导体研究共同体的巨大价值所在。

EDA 技术极其需要理论研究，这些理论研究大概率难以获得及时的商业应用，因此很难获得来自企业的直接赞助。企业青睐能够迅速见效的短期项目，对于风险更大、周期更长、商业应用不明确而又十分必要的研究项目，则需要美国国家科学基金会及半导体研究共同体这样的非盈利服务机构投资并组织研发。

例如，模型检查和模型简化是 EDA 技术的典型应用，如果没有最初由美国国家科学基金会和美国国防部高级研究计划局提供的长期资助，可能不会达到能够引起业界关注的成熟度水平。产业界对"长周期"的"宽容"永远比不上从科学研究到商业盈利的长周期。例如，模型检查技术从编程语言理论开始发展，到成熟的软件货架产品，经历了 20 多年的时间。在最初的 10 年里，它完全是由美国国家科学基金会支持的。

美国国家科学基金会和半导体研究共同体的交互配合，在一定程度上弥合了创新前段由于知识需求和商业关注之间的巨大差距形成的"创新死亡谷"[1]。

美国在对产业扶持的同时，也非常关心国际上的进展，欧洲是关注对象之一。虽然没有专门针对 EDA 技术的项目，但许多欧洲国家都有国家项目支持信息和通信技术（ICT）、纳米技术、嵌入式系统、高级计算和软件技术

---

① "创新死亡谷"的来源：P. E. Auerswald and L. M. Branscomb, "Valleys of death and Darwinian seas: financing the invention to innovation transition in the United States", *Journal of Technology Transfer*, 2003, Vol 28: 227 - 239。

等领域的研发，这些领域涉及 EDA 技术的各个方面。最新的 Eureka 计划之一是 Catrene（欧洲纳米电子学应用和技术研究集群），它是一个 2008 年到 2012 年的计划。Catrene 有 30 亿欧元的预算，合作伙伴包括大学、半导体制造商（英飞凌、NXP、飞利浦等），还有空中客车和大众汽车等，当然也少不了美国 EDA 软件公司 Cadence。其中就有两个项目明确地指向 EDA 技术。

另外一个欧洲研发项目在 2001 年至 2008 年期间的预算为 40 亿欧元，总资金的 75％来自公司。它支持了 70 个项目，其中 15 个聚集于 EDA 技术。

这些动向，引起了美国国家科学基金会的注意。美国国家科学基金会专家们经过估算，认为欧洲投入 EDA 技术研究的资金，比美国政府和产业界投给 EDA 技术研究的资金多出几倍。作为全球最强大的 EDA 技术基地，美国国家科学基金会认为需要加强对 EDA 技术研究的投资，而且对全球任何其他地方在该领域的基础研究，都投以警惕的目光。

美国拥有培养完整的从基础研究到应用转化，再到商业应用的 EDA 全科技产业链条。虽然美国企业占有绝对垄断地位，虽然美国产业界拥有开放的协同创新体系，美国科学界仍然在持续地进行前瞻性研究，仍然在不断呼吁加大基础研究的投资力度。

只有充分做好前端的数学、物理机理和工程系统的基础研究突破，EDA 软件的发展才会表现出充足的活力。

3.2 德国：围绕制造发展工业软件

3.2.1 德国工业软件的基本情况

根据德国联邦外贸与投资署（GTAI）2019 年的报道，德国拥有世界第五大信息与通信技术市场，2017 年市场总值约为 1 600 亿欧元。德国也拥有欧洲最大的软件市场[①]，2017 年市场总值约为 230 亿欧元，并拥有超过 6％的年复合增长率。整个欧洲 2018 年的软件收入大约为 1093 亿欧元。其中，德国公司占 22.3％；英国尾随其后，占 21.6％；法国排名第三，占12.1％。

① 德国贸易与投资协会，“Software and Cybersecurity Market in Germany”，2019。

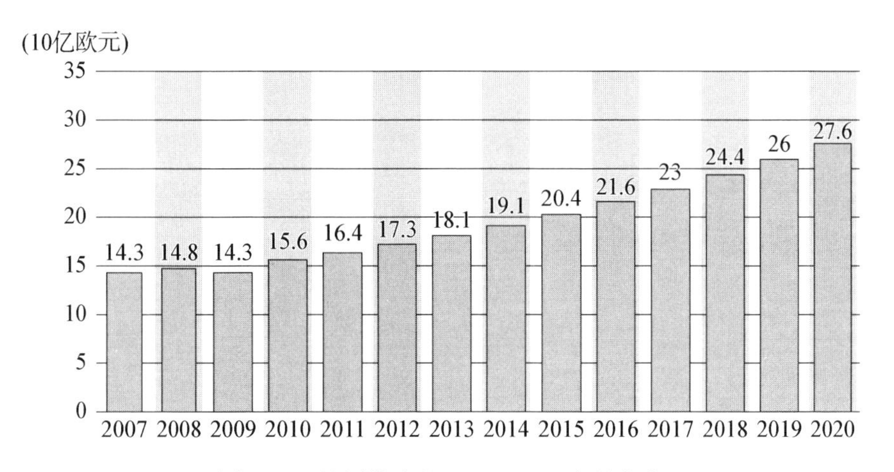

图 3－1　德国软件业 2007—2020 年的收入

资料来源：Evgenia Koptyug，"Revenue in the software industry in Germany 2007－2021"，Feb 11，2021，https://www.statista.com/statistics/460467/software-industry-revenue-germany/。

国际商业软件联盟(BSA)的研究发现，2011 年，德国的 IT 竞争力排世界第 15 名。根据 Truffle 100 的 2011 年欧洲前 100 位软件公司排名，德国的 SAP、Software AG 以及 DATEV 这 3 家软件公司进入了前 5 位；在前 100 位软件公司中，德国有 14 家软件公司入选，实现总收入约 181 亿欧元，占前 100 位软件公司总收入的 49.4%，具有非常高的市场集中度。

与之相对照的是，英国有 22 家软件公司入选，实现总收入约 55 亿欧元，占 14.6%。排在第三的法国有 19 家软件公司入选，实现总收入约 40 亿欧元，占前 100 位公司总收入的 10.6%。可以说，从欧洲软件业头部企业的收入来看，德国软件企业撑起了欧洲软件业的半边天。

然而，作为世界第三大 IT 市场和欧盟第一大 IT 市场，德国鲜有与此相对应的大规模 IT 企业。除了欧洲最大的两家拥有工业软件的公司——一家是 SAP 公司，另一家是西门子公司——是两盏耀眼的明灯，其他软件公司的国际知名度其实都不算太高，而且散落在不同的行业之中。标准软件、娱乐用电器以及芯片与显示器市场，则全部由亚洲和美国公司占据。德国参与国际标准制定的工作，也显得略微不足。德国在嵌入式系统、数控系统、自动化控制软件等领域很发达，而在设计工具 CAD 软件、CAE 软件、

EDA 软件领域,几乎只有西门子公司独家撑起一片天地。

3.2.2 两类划分至关重要

德国最“古老”的软件公司当属成立于 1969 年的 Software AG,至今已经有 50 多年的历史。但总体上,德国软件公司很年轻,大多数都是近十年来成立的新公司,而且以 10 人以下的小微企业为主。

大多数软件公司的主要业务,是为企业用户提供应用程序解决方案,而不是基础设施。这些解决方案针对的目标行业主要是信息通信业、制造业和金融业。B2B 市场的解决方案大多数都有一定程度的复杂性,需要根据客户需求进行定制。相应的,许多德国软件公司都是以销售代理商作为他们的销售渠道。

大多数德国软件公司都面临着激烈的市场竞争,成功的软件公司都在“低成本”和“差异化”之间找到了平衡。不管是产品公司,还是服务公司,都是高度整合的,服务公司更加注重核心竞争力的积累,倾向于大量使用第三方外包公司。

德国 Hoppenstedt 商业数据库[①]将软件业划分为一级软件业(Primary Software Industry)[②]和二级软件业(Secondary Software Industry)。一级软件业是从事数据处理服务商以及数据处理设备的供应商,是以软件开发和销售为主要经营目的,包括独立软件开发者,其中以应用软件高居多。

二级软件业的企业,多数源于传统商业和制造业,如电子技术、通信、机械制造等。在德国软件行业中,大约 90%的人才都集中在这个领域。它最大的特点,是为了配合硬件产品而开发软件,软件开发自身并不是这些企业的主要经营目的。嵌入式系统,就是典型的二级软件业。在中国,不销售软件的华为和海尔,却在中国电子信息百强排行榜中屡屡排名第一、第二,就是这个道理。德国二级软件业的销售规模,明显比一级软件业要大,因为软件是其产品及服务的重要组成部分。这类企业用于软件开发的经费约占其

---

① 中国经济网:《德国软件产业发展现状分析》,2014 年 3 月 18 日,http://intl. ce. cn/specials/zxgjzh/201403/18/t20140318_2504043. shtml。

② 也有译为基础软件业。笔者认为一级、二级软件业的分类更容易识别,有助于分门别类的发展。

研发经费的15%，在电子、电信企业中这个比重更高，用于软件开发的经费能够占据研发经费的25%和23%左右[①]。

德国达姆施塔特技术大学与欧洲相关研究机构合作，于2012年对524家德国软件公司进行了调研。研究分析发现，德国的软件业主要由软件产品公司和软件项目及服务公司组成，有10%左右的公司从事软件分销、嵌入式软件及软件咨询业务。德国从事软件开发人员分布状况是：在一级软件企业中，10人以下的小微企业占77%，200人以上的大型企业占2%；在二级软件企业中，10人以下的小微企业占48%，200人以上的大型企业则占到12%。实际上，德国软件从业人员有275万，一级软件企业从业人员为29.5万人，而二级软件企业从业人员则达到245.8万人。如果再仔细查看，会发现真正做软件开发的人数更少，只有17.7万软件开发人员。德国的软件开发专业人才紧缺。

从软件开发的方式来看，在德国一级软件企业中，大约73%都是自主开发原始软件；二级软件企业，则有大约87%的企业会在采购的基础软件之上进行二次开发，以解决生产和服务过程中的具体问题。也有软件企业同时采用上述两种方式。

3.2.3　国家的作用

德国并无专门鼓励工业软件的政策。工业软件被作为IT产业的基础进行鼓励。在工业软件的发展上，起到主导作用的是企业而不是政府。

德国2007年启动的“信息通信技术2020——为创新而科研”规划[②]，旨在推动IT产业的发展，其主要方法是发挥政策推动、科研推动和市场拉动的合力，按照规划完成创新项目和成果转化。规划执行期为十年，2007年至2011年期间预算资金为32亿余欧元，即每年6亿多欧元。它的资金流向，对我们颇有启发意义。其中，17亿欧元用于资助马克斯·普朗克科学促进学会、莱布尼茨科学联合会、弗劳恩霍夫协会等科研机构；剩余约一半，

① 林平：《德国软件业发展概况》，《科技经济透视》2001年第8期。

② 中国驻德国大使馆经济商务处：《德国信息通讯产业简况》，2010年4月30日，http://de.mofcom.gov.cn/article/ztdy/201005/20100506922287.shtml。

用于资助申请经审核后得到批准的研发项目。

显然，这个规划是以驱动应用为核心任务，将技术研发和成果应用并举。实际上，“信息通信技术 2020”规划有一个更加清晰的副标题——“为创新而科研”。政府资助 IT 研发项目，往往都有明确方向，以实际需要为牵引，以成果转化为优先前提。在资金分配上，除了 IT 产业直接受益外，另有五个与 IT 相关度极高、创造就业潜力最大的产业也是受益部门，分别是汽车制造业、自动化专业、卫生与医学、物流与服务业，以及能源产业。

3.2.4 错失的机会

在 20 世纪 70 年代和 80 年代，德国和瑞士 CAM 软件发展的重点是数控机床、柔性制造单元（FMC）和柔性制造系统（FMS）等。70 年代以来，瑞士利用高精度机床的优势，运用数控技术和电子传动技术发展机床工业。在 80 年代，德国采用“传统技术加先进电子信息技术”与低、中档和各种变型产品来发展机床的战略[①]。

德国的 CAD 软件开发和应用并不晚，二维系统应该在 20 世纪 70 年代就已经开发并得到广泛的应用。德国波鸿鲁尔大学机械系设计研究所的前主任塞弗特（Seifert）教授是德国 CAD 软件开发的先驱之一。70 年代末和 80 年代初，他主持了 PROPEN1（二维）和 PROREN2（三维）系统的开发。

PROPEN 系统是由塞弗特教授的公司 ISYKON 研发和销售的。PROPEN1 是相当成功的一个系统，产品更名为 PROCAD 后沿用到 21 世纪初。PROREN2 作为三维实体系统推出时，风行一时的 CATIA V4 系统只不过是一个表面造型系统。但从技术层面上评价，PROREN2 系统毕竟是由工程师开发的，在实体建模方面缺少了微分几何的思想，以至于在布尔运算时不稳定。最终，ISYKON 公司由于资金周转发生了困难，被卖给了鹰图公司。

德国柏林的弗劳恩霍夫协会生产设备和设计技术研究所（IPK）也开发

---

① 郑献年，郑劲梅：《德国和瑞士 CAM 技术的现状及发展趋势》，《计算机辅助设计与制造》1996 年第 12 期。

了一款 CAD 系统,和 PROPEN2 系统在建模方面存在同样的问题。两者命运一样,几乎在同一时间消失。

从更高的层次来看,德国几乎没有形成自己的通用 CAD 软件,这也是由于它的工业体系布局是以欧盟一体化方式形成的。CAD 软件的早期发展,都是由大型的航空工业带动发展的。其中也有很多德国人的贡献。在法国图卢兹的空客基地,近一半工作人员是德国人。随着欧洲航空工业以空客作为统一品牌形象推出,欧洲航空工业背后的最直接受益者达索系统的 CATIA 软件顺势胜出。

伴随着德国国产软件的消失,国外软件在最大的应用市场——德国汽车行业,进行了角力。法国 CATIA 软件在德国汽车行业的应用,与宝马及奔驰两家公司有直接的关系。当时这两家公司只给配件厂和合作伙伴发放和收取 CATIA 格式的 CAD 文件,使得德国汽车行业为价格不菲的 CATIA 许可证叫苦不迭——当然,这种做法也极大地促进了德国制造业的三维 CAD 应用和数字化发展。

有意思的是,奔驰公司似乎早就启动了备份计划,在 20 世纪 90 年代中期就有替换 CATIA 的打算。在十年多的时间里,奔驰公司坚持每个零件的设计分别用 CATIA 软件和 UG 软件的格式保存(两份)。2015 年,奔驰公司宣布,完成了用西门子 NX 替换 CATIA 的工作。

大众汽车公司以前也有自己的 CAD 系统:VW IP。VW IP 是大众汽车公司基于从控制数据(Control Data)公司购买的 CAD 软件二次开发的成果。后来由于在德国汽车制造业中使用 CATIA 软件是大势所趋,大众汽车公司只好放弃了 VW - IP,也普遍使用了 CATIA 软件,但在发动机设计中使用的是 PRO/E 软件。即使是像大众汽车公司这样的大型用户,想独立发展一套 CAD 软件,也是相当困难的。

在 CAE 软件方面,德国的 AutoForm 软件是一款汽车设计中很重要的工具,可以用来计算、仿真汽车覆盖件(壳)冲压过程的弹塑性变型。世界上的汽车龙头企业几乎都在使用 AutoForm 软件。结构优化软件 TOSCA 也是德国产的,几年前被达索系统收购,更名为 ATOM。

3.2.5 制造工艺的软件功能强

德国是机械制造强国,因此许多软件都与制造工艺相关。德国工业软件在计算机辅助设计制造(CAM)领域占据优势,跟德国制造的强大一脉相承。这个特点与日本很相似。由于有高端制造的需求引领,德国开发出优秀的用于五轴加工的 CAM 软件,如 OPEN MIND 公司的 HyperMILL 软件、Tebis 软件等。

作为一家 CAD/CAM 组件供应商,德国 ModuleWorks 公司提供了加工制造软件的内核。关于它的例子很好地诠释了工业分工之下的共生体系。位于德国亚琛的 ModuleWorks 公司主要提供刀具路径控制组件和仿真软件,其功能主要围绕三轴加工、五轴联动加工等。ModuleWorks 非常难得地一直保持独立生存。这家公司虽然只有 200 多名员工,但其中 75%都是研发人员,并且研发都聚焦于一个点——它只做基础内核。这也意味着,在机械制造的运动控制实现方面,有一种商业模式的变化——CAM 软件与内核,实现了分离。由于五轴控制路径越来越复杂,所以需要专业化的分工。大部分的 CAM 软件厂商是面向终端客户,对准工艺需求,追求工艺优化,因而核心算法研发被弱化。对这方面核心算法的研究和应用,被 ModuleWorks 公司牢牢抓住。ModuleWorks 做深做精,做专做强,并逐渐独占鳌头。其他面向用户的集成商,则放弃了在核心算法上的努力,交由 ModuleWorks 这家专业公司来研发。ModuleWorks 和另外一家叫 MachineWorks 的公司几乎主宰了整个 CAM 软件的内核市场。ModuleWorks 在 CAM 软件内核市场上占有高达 75%的份额,几乎所有 CAM 软件都会配置它的软件组件,连西门子的 NX CAM 软件都是它的用户。

ModuleWorks 是一家将机械和 IT 技术融合得非常完美的公司。了解和理解 ModuleWorks 这家工业软件公司,一个不为业界熟知的小霸王,对于改变中国工业软件的现状会非常有帮助。

IT 的概念在德国与中国并不一样。凡是想获得德国 IT 学位的学生,必须辅修一门其他专业课程,如机械、化学、经济学等。只有拿到其他专业证书,软件工程的研修者才能获得 IT 学位。这样的做法反映了一个朴素的道理,优秀的算法工程师,必须懂数学、机械或某个专业。在中国、美国,都设有单修的信息工程、计算机工程学位,这可能会导致 IT 与机械的脱节。在德国,机械工程专业毕业的学生,去学习代码搞编程,也是非常普遍的事情。二者的融合是天然的,在德国,机械工程师待遇很高,完全可以跟 IT 工程师相媲美。

3.2.6 失去重来,送硬迎软

作为旗下工业软件众多的工业巨头,西门子公司目前已经将软件上升到重要的企业战略。实际上,在 20 世纪,西门子也同样开发过二维和三维的 CAD 系统: SIGRAPH 2D 和 SIGRAPH 3D。SIGRAPH 2D 系统十分成功,使用方便并具有参数化设计的功能。SIGRAPH 3D 的内核采用了英国赫赫有名的科学家的 ROMULOS 系统,这是由创建 Parasolid 内核的同一批人开发的。但在当时,ROMULOS 基本已经过时,势头正旺的是 Parasolid,法国达索系统的 ACIS 也已经诞生。内核技术的不足,似乎决定了 SIGRAPH 3D 的寿命。西门子公司在 20 世纪 90 年代初曾经用 SIGRAPH 软件与中国机械工业电脑应用技术开发公司(MICT)合作。但 90 年代以后,西门子的 CAD 软件基本上销声匿迹。

2007 年,西门子公司花费 35 亿美元的高价购买了已被几次转手的美国 UGS 公司软件,重新捡回丢失的宝贝。以此刻为起点,并购软件成为西门子最频繁的扩张举措。软件战略,重新回归制造业巨头西门子的怀抱。对 UGS 公司的收购再加上后续对一些仿真软件的收购,尤其是并购了作为全球三大 EDA 软件公司之一的 Mentor,使得西门子的软件范围覆盖到工业的更多角落。与此同时,西门子不断丢掉硬包袱,将旗下的微电子、计算机、医疗器械、家电和能源电力部门依次剥离。西门子已经成为一个积极“拥抱软件”的工业典范。

3.2.7 与制造如影随形

在电子目录和零部件数字模型方面,德国卡迪纳斯(CADENAS)、

CADCLICK 是业界翘楚。这类软件服务于在线零部件数据管理和产品电子目录制作，是连接零部件生产商与零部件使用者及采购商的桥梁。在全球排名前 50 的零部件生产商中，近 70%的企业都采用 CADENAS 的数字化产品样本开发工具 eCATALOGsolutions 作为他们产品目录的解决方案。这类产品最大的壁垒就是它的庞大数据库与 OEM 厂商深度绑定。OEM 厂商的产品定型之后，产品数据会被电子目录库收录。这款软件可为使用者提供三维参数，使用非常方便，因此用户忠诚度很高。

云端 CAE 做得相当好的云计算平台 SimScale，上面有大量的第三方公司的软件。SimScale 在德国已经有十多万工程师用户。慕尼黑工业大学的五位毕业生创办的 SimScale，既有 CAE 软件背景，也有计算机背景。SimScale 运营得很成功，在一些领域有高额的营收，这得益于国外的 CAE 软件应用环境——作为客户，无论大小公司都有主动付费的习惯。杭州远算科技公司研发的云计算平台类似于 SimScale，远算公司以云计算、大数据为支点，实现高性能计算、3D 云应用、CAD/CAM 等技术融合。

虽然于 2010 年才成立，但 Exocad 软件公司很快成为全球牙科 CAD/CAM 软件市场的领导者，为牙科实验室和诊所提供一体化工作流程。它在修复牙科、种植学、指导手术和微笑设计方面，具有丰厚的专业知识。十年后的 2020 年，Exocad 公司被美国牙科医疗设备公司艾利科技（Align）以 4 亿美元现金收购，以加强后者的数字化平台，强化诊断、修复、植入和正畸工作流程。Exocad 公司的诞生，也很好地诠释了德国科研院所旺盛的创新活力。它是从著名的德国弗劳恩霍夫协会独立出来的，获得了该协会的所有牙科 CAD 技术，弗劳恩霍夫则持有它的股份。在 2016 年 Exocad 公司获得了投资之后，弗劳恩霍夫协会退出了其持股。

尽管德国工业软件的知名度并不是很高，但德国仍然是工业软件强国，它会根据德国工业自身需求，规划重点发展方向。在机械设备制造业，德国工业软件被广泛用于设计研发、机器控制、工艺操作等环节。在汽车行业领域，德国工业软件的作用更加明显。它的最大特征，是常以“嵌入”的方式存在于产品之中。在德国，IT 公司以中小企业为主，专业化是强项，很多企业成为隐形冠军。这就使得德国软件业的作用和水平不显山露水，往往不为最终用户所熟悉。尽管与全球知名的“德国制造”相比，德国工业软件整体看上去并不耀眼。然而它与德国制造业如影相随，构成了德国强大制造能力的一部分。

3.3　日本：藤蔓附树式发展

工业软件是工业品，自然源于工业。那么，为什么德国和日本作为制造强国，其工业软件却好像没有发展壮大？其实，德国也开发出了多种 CAE 软件，例如专业的流固耦合软件等，却没有发展出类似美国 Ansys 公司这样的大型通用 CAE 软件商。在 CAD 软件方面，如果抛开西门子公司收购美国软件公司 UGS 这个事件，那么德国的软件名录看起来也是相当不起眼的。日本的工业软件与德国的状况类似，在当前的工业软件领域，主要还是以使用美国、法国的软件为主导，辅以很多二次开发的专用工具。

日本和德国在工业嵌入式软件机器人、汽车控制模块、数控机床等领域都称霸市场，这跟它们的机械工程强势有直接关系。日本在 20 世纪 80 年代提出的“机电一体化”，对其嵌入式软件发展起到了很大的促进作用。但为什么美国通用汽车可以造就 CAD 软件的兴起，日本丰田却没有催化出一个国际通用的 CAD 工具软件呢？实际上，无论是在钢铁、造船，还是在汽车、家电等行业，日本都成功地塑造了一些国际化的品牌。日本工业软件，是少数几个没能冲向国际化的行业之一，这应该与日本的“硬件优先”传统有着直接关系。

3.3.1　1985 年前的光景

在 1980 年前后，统领日本计算机硬件市场的五大厂商是 IBM、富士通、日立、NEC 和 Univac，合计占据了 90%左右的市场份额。从富士通公司和日立公司在 1974 年引入 IBM 兼容机开始，到 1980 年前后，IBM 兼容机已经占据了日本计算机市场 59%的销售份额。IBM 系列产品支配了硬件市场，这吸引了很多由 IBM 操作系统支持的计算机软件进入日本市场。

在日本公司的IT开支中,只有7%的费用用于外包定制软件开发,不到1%的费用用于购置商用货架软件。日本公司绝大部分都是用自研软件。外部的软件商,则严重依赖计算机主机厂。在这段时期,大多数软件公司的主要业务是为计算机主机厂提供服务,来自计算机主机厂的收入占据此类公司收入的60%左右。①

1980年前后,日本软件的价格几乎全部是根据开发成本或者是工作量来决定的。这意味着大多数软件公司不出售技术,仅依靠人力资源提供技术服务。

在日本软件产业发展过程中,这是一种作坊式的开端。软件工业很大程度上依赖于个人,程序人员水平的提高优先于软件产品的改善。日本软件业的从业者仅仅被看作是程序设计劳动力的来源,而不是熟练的专业设计师或系统工程师。

3.3.2　一次失败的国家尝试

随着日本机械化、工业化生产的大幅提升,日本计算机硬件产业如日中天,产量迅速增加。软件则仍停留在手工作业上,二者之间的供需矛盾日趋明显。

日本通商产业省(MITI)及下属的情报处理振兴事业协会,经过近十年的酝酿,打算一举解决这个问题。根据该协会预计,软件工程师的供求到1990年会有60万的缺口,到2000年缺口将高达100万。因此,日本通商产业省(现在的日本经济产业省)设立了一个国家软件发展项目,试图建立一套全新的操作系统平台,方便软件开发者使用。当时的日本通商产业省,由于20世纪80年代初期的超大规模集成电路(VLSI)项目大获成功,不免有些头脑发热,踌躇满志,准备一鼓作气建立软件开发平台,以提高软件开发效率。

日本政府于1985年开始的国家项目SIGMA,是一项“软件生产工业化”行动,以消除“软件危机”为愿景,推行软件生产工业化。它期望建立一

① 严枕戈:《兵工自动化》,《日本的计算机软件工业》1984年第1期。

个能为日本软件开发者提供生产软件所需情报工具软件的计算机系统。所设想的商业模式是，在SIGMA系统开始经营后，运营费用可以用用户交的租金来支付。

1986年7月，在日本第15届技术预测研讨会上，日本情报处理振兴事业协会系统开发部部长做了题为“日本软件开发与SIGMA项目”的报告，当时已经有60多家公司参加了该项目。

然而，这个软件生产工业化的目标，却仍然指向为硬件服务。而且这些日本公司误判了形势，仍然在进行大型机方面的攻关，并没有注意到当时的一种大趋势，那就是软件业正在独立地蓬勃发展。根据一位日本人士的看法，这个项目注定会失败，因为它是在计算机尚不发达的前提下开发的。很多人在项目进行中注意到了这个前提的荒谬，却无法停下来。因为一旦冠以“国家项目”的称谓，就不能轻易中断。①

五年后，这个国家项目到了难以维持的地步，因此由50家计算机制造商和软件公司出资成立了一家与项目同名的商业公司，算是为这个项目站好最后一班岗。1991年，日本与UNIX国际标准化组织达成了通用规范，这标志着日本放弃了抵抗软件标准化的路线。SIGMA公司无疾而终。

这次失败，是日本试图寻求软件自主化遭遇的一个重大挫折。SIGMA项目意图对抗的是一个全球软件标准化程序的潮流，这个逆潮流的急先锋项目很快就变成了一堆废弃的石头。日本为此损失了230亿日元投资，以至于之后再也无法组织像样的振兴软件国家行动。

3.3.3　缺乏强势的通用软件，但企业自研能力很强

日本的铸造工业强大，但铸造仿真软件并不强势。日本铸造仿真软件JSCAST是由大阪大学的大中逸雄课题组与日本小松机械联合开发的，至今还是日本销量第一的铸造仿真模拟软件。铸造仿真软件的内核是流体力学、传热学求解器。与德国迈格码（MAGMA）铸造仿真软件、美国FLOW-3D软件以及韩国AnyCasting软件相比，日本铸造仿真软件有一

---

① The Sigma Project，http://www.pro.or.jp/～fuji/mybooks/okite/okite.9.1.html.

定差距，其主要的弱势在于求解器不稳定、计算速度慢、处理复杂铸件的能力较低等。中国国内使用日本 JSCAST 铸造仿真软件的公司非常少。在世界上，除日本企业之外，其他国家的企业也很少会使用这款日本工业软件。

铸造仿真软件不强是日本通用工业软件实力偏弱的一个缩影。相反，日本企业的自主研发软件却往往很发达。

日本电产株式会社（NIDEC）主要生产中小型马达、轴承等零部件。自1994 年起，日本电产开始量产用于硬盘驱动器的液态动压轴承（Fluid Dynamic Bearing，简称 FDB）。随着硬盘驱动器在数据存储密度方面的惊人进步，传统的滚珠式轴承制造在理论上已经无法做到让每一颗滚珠的大小都完全一致。因滚珠间的尺寸差异产生的非周期性振动，将导致磁头无法精准地在高精细、高密度的磁道上刻录/读取数据。为了探索液态动压轴承的最佳结构，日本电产逐渐走上了内部开发、自主研发建模技术和仿真软件之路。

率先量产的日本电产液态动压轴承发展速度惊人，月产量实现了跨越性的突破，2000 年前后曾经大幅扩充产品种类。到 2002 年时，液态动压轴承已成为主轴马达用轴承的主流产品。随着产量从几万台、几十万台上升至几百万台，采用检查少量试制品生产中的品质管理方法，显然已经不合时宜。因为要检查到异常现象，往往需要制作 1 000 个以上的试制件来代表不同的模式，耗时耗力，成本也相当高。

为了让这项工作从车间转向设计室，日本电产决定采用 CAE 软件进行仿真，从而改变对所有验证案例采用“创意、修改和再设计”的试错式检测流程。然而，市场上通用的仿真软件，应对这种特殊产品乏力，于是日本电产决定在公司内部开发独有的解析软件。这样做的最大好处是，可以将范围锁定为液态动压轴承的特有机能，用二维模型定义三维模型，降低振动模型的自由度，仅以设计上特别需要的现象作为对象，进行建模并实施计算。由此，可以在有限的计算能力内，进行必要的刚性和衰减性的仿真计算。

利用仿真计算，可以随时将轴和轴承之间的间隙参数变更为 1 000—

2 000 种不同的模式[①]，也能在几十分钟内迅速得出计算结果。这种技术现在也被用于风扇马达的液态动压轴承。随着社会再电气化的发展，汽车、家电等产品对高效率、静音、低振动等的要求也愈来愈高，这种针对性极强的CAE 技术正在发挥更大的作用。

日本电产的 CAE 软件部门，本身也是设计、工艺和制造体系的一个融合环节。它与设计部门同属于一个组织，一起进行软件的开发和升级；当碰到高难度的项目时，CAE 软件部门也会跟日本电产的中央马达基础技术研究所合作，进行共同开发。

从零件设计到模块和单元设计，一直到安装有模块或单元的壳体侧的结构设计，日本电产都可以通过自主 CAE 技术完成。日本电产从一家马达、轴承供应商逐步进化成一个 OEM 厂商所依赖的关键战略伙伴，其中自主研发的 CAE 软件起到了重大作用。

3.3.4　共生式发展与高度嵌入的策略

日本是全球第三大经济体，拥有世界一流的制造业。日本软件在销售方面仅次于美国软件，机床、机器人和汽车行业的嵌入式软件独步全球，日本软件的质量与生产率也不在美国软件之下。然而，日本的软件产品与服务却越来越缺乏全球竞争力，丢失全球存在感。日本软件业在强大的软件开发能力与虚弱的软件能力之间横亘着巨大的鸿沟，这是日本软件业留给人们的巨大迷思。

不少学者也注意到了这个现象。美国伯克利大学的 Cole 和 Nakata 教授在 2014 年对此进行了详细的分析。[②] 其中有两点结论令人印象深刻：一个原因是日本软件业中有大量 IT 软件外包公司，为具有适度软件技能的员工创造了“蓝领”职位，而对优秀软件架构师/设计师的需求不足，进而导致软件创新度不够。另外一个原因则是日本对“造物”的崇拜。硬件工程师无

---

① 日本电产官网技术案例：《日本电产自主创建的 CAE 技术》，https://www.nidec.com/cn/technology/capability/cae/。

② Robert E. Cole，Yoshifumi Nakata，“The Japanese software industry：what went wrong and what can we learn from it? *California Management Review*，Vol. 57，No. 1，2014，pp. 16－43.

论是收入，还是社会地位，都比软件从业人员要高。日本卓越的硬件制造形成的“路径依赖”，使得软件行业无法成为一个吸引优秀人才的行业。美国五分之一的软件开发者接受过研究生教育，而在日本这个比例仅为十分之一。在博士学位方面，两国软件开发者之间的差距更大。

20世纪90年代初，日本大型制造和服务公司的信息技术能力有所减弱。大公司将其IT部门剥离为子公司，开始更多地依赖这些子公司和其他系统集成商及其分包商。在随后的三十年，尽管电子公司已进化成IT公司，但传统电子工程师思维依然统领企业高级职位。日本公司重硬轻软，其组织结构往往是机械工程师、化学工程师在顶层决策位置，而电子工程师、软件工程师位于底层。以硬件为中心的路线长期延续，而软件的角色仍然被视作功能的辅助和控制器。

Nakata教授在报告中提到，二十年以前曾有学者警告美国，星罗棋布的美国硅谷小公司在财务资源方面难以跟日本大型高技术综合制造商相匹敌。日本大公司青睐的“工厂生产”（factory approach）软件开发方法优于美国占主导的“工匠主导”（craft approach）软件开发方法。换言之，继制造业取得成功之后，日本正在成为世界软件工业的重要一极。

现在看来，这个预测并没有发生。事实上，大型企业和小型软件的嵌套关系，成为日本工业软件的一个突出特点。为了理解日本工业软件与终端用户行业的密切关系，脱胎于日产汽车的一家工业软件公司是一个上佳的案例。

日产汽车公司早在1987年就开始自行开发CAD软件和CAE软件。十年后他们成立一家独立的日产软件公司，将产品应用于日产和雷诺车型的研制。在世纪之交，富士通取得了这家软件公司的全部股份。随后，作为大型计算机和软件系统的代表，富士通将各种机械和汽车的CAD软件，以及其他与制造业相关的软件技术，如轻量化三维设计、工艺表管理、预览工具等，都放到旗下的这家公司，而产品数据管理则使用开源软件。在这家公司最关注的汽车行业（销售额占比超过70%），其旗下的品牌产品，加上所代理的西门子软件，都紧密地嵌入汽车设计行业的流程，完整地体现了“机械、电气、操作的融合设计”。全面了解该企业的所有软件之后，可以发现，它们完全是伴随着一个工厂的研制全套业务流程展开。这给人留下深刻的印象。

另外一家日本CAE软件公司，则是日本富士软件(Fujisoft)旗下的Cybernet公司。富士软件全球有2万多员工，这家CAE软件公司则专注于仿真领域。美国科学计算软件MATLAB被Cybernet公司引入日本丰田，并迅速成为主流软件。后来，MATLAB软件所属的美国MathWorks公司在日本建立了办事处，Cybernet公司就收购了其竞争对手加拿大的MapleSoft软件公司，以丰富自己的产品线。Cybernet公司就像一座日本少有的喜欢吞噬新鲜空气的活火山，一直在采用收购的方式，获取全球软件的资源。实际上，作为美国仿真软件ANSYS的代理商，Cybernet公司围绕着企业用户的需求，将代理产品、自研产品和并购产品嵌套在一起，形成一套完整的解决方案。

日本还有一家叫做JMAG的电气设计软件公司，但这家公司很难讲是完全独立的。日本的独立公司背后总能看到财团的影子，JMAG公司就有住友银行的背景。

大多数日本人喜欢进入大公司工作，因为比较体面，进入小公司的人则比较少。这也导致日本创业公司比较少，限制了软件业所需要的蓬勃活力。

日本的工业软件，在国家行动失败后，选择了高度嵌入全球化的策略。以通用软件为基础，将自己的行业制造专业知识加载其中，然后与用户紧密绑定，这种策略成就了强大的日本制造业。但是，对于国产化CAD软件、CAE软件以及EDA软件，日本恐怕已经早已失去了目标和动力。

3.4 法国：成功源自沃土

3.4.1 法国软件靠工业软件争光

法国没有闪亮的工业互联网公司，也没有非常知名的IT公司。但2019年，法国的软件市场收入仍然达到了156亿美元[①]，在欧洲仅排在德国

① Statista Research Department, "Software market revenue in France 2016 - 2021", Dec 12, 2019, https://www.statista.com/forecasts/963600/software-revenue-in-france。

的软件市场和英国的软件市场之后。在法国的软件市场中，达索系统一家就独占20%以上的份额。这说明，法国软件行业真正挑梁的反倒是工业软件。这恐怕是任何一个国家都不曾有的现象，工业软件成为软件行业的领头羊。普华永道咨询公司曾经给出2014年全球软件业务收入前100强，法国有两家公司上榜，分别是年收入27亿美元、排名第15位的达索系统和年收入8亿美元、排名第55位的施耐德电气，全都是做工业软件的。①

工业软件是推动法国软件产业增长的火车头。2014年法国软件产业收入增长中的41%来自工业软件公司。除了达索系统和施耐德电气之外，法国工业软件的阵营中还有虚拟样机软件厂商ESI、建筑工程软件厂商Graitec、激光切割系统和软件供应商Lectra，以及电气行业PLM软件供应商IGE XAO等。

3.4.2 CAD技术的另一个发源地

众所周知，计算机革命及CAD/CAM技术是从美国发源并席卷全世界的。事实上，法国也是CAD技术的起源地。法国CAD技术的发展同样与法国汽车产业的发展相伴。可以说是法国汽车的工程需要，激发了法国数学家的灵感，并反哺工程应用领域。

最早用数学描述表面的技术之一，是美国麻省理工学院的史蒂文·孔斯(Steven Coons)在20世纪60年代中期开发的"Coons Patches"(孔斯曲面)；另一个关键的曲面数学研究活动聚集地，是法国。

早在1958年，在雪铁龙汽车厂工作的保罗·德卡斯特利亚乌就开发了一种定义曲面的数学方法。出于保护竞争优势的考虑，直到1974年雪铁龙才披露他的研究成果。

此时，许多学术和工业研究人员已经开始采用其他技术。1960年左右，皮埃尔·贝塞尔向雷诺汽车管理层提议，开发一种定义汽车表面的数学方法。到了1972年，雷诺已经建立了大量的数字模型，并使用这些数据来驱动铣床。该系统被称为UNISURF，并最终成为达索系统CATIA软件的

① 普华永道：《法国工业软件报告》，2016年。

重要组成部分。这项工作推动了贝塞尔曲线(以这位天才工程师的名字命名)和曲面的发展,并成为很多图形应用程序的基础。

另外一个分支,则来自实验室科研人员的工作。曾经在行业中非常知名的欧几里得(EUCLID)设计软件,最初由让·马克·布朗(Jean Marc Brun)和米歇尔·塞隆(Michel Theron)在法国中央研究院力学与工程计算科学实验室(LIMSI)为流体流动建模而编写。这是一种面向批处理的计算机编程语言,被用于"协和"超音速客机项目。这项建模技术最后走出实验室,并在 1979 年成为 Datavision 公司的基础。作为 EUCLID 早期的用户,法国 Matra 集团的航空航天部门是如此喜欢这个产品,以至于在第二年并购了 Datavision 公司,并将之更名为 Matra Datavision。

从 1984 年开始,Matra Datavision 与汽车公司雷诺建立了紧密的合作关系。法国汽车再次呈现了巨大的技术反哺的作用,EUCLID 的许多技术进步,包括改进的表面几何形状和数控加工功能,都是来自雷诺。随后雷诺收购了该公司约四分之一的股份。这种亲密的互动、渗透关系,使得法国工业软件就像是一团可以流动的液体,四处滚动,到处吸收能量。

在 20 世纪 90 年代,EUCLID 一度是市场上最先进的 CAD 系统之一。1996 年,其全球收入达到 1.6 亿美元,成为市场的佼佼者。

此时,Matra Datavision 推出了一种全新的 CAD/CAM 系统,该系统使用 CASCADE 作为开发环境。它有一个非常吸引人的用户界面,广泛使用面向对象的软件技术,合并了一个符合 STEP 的数据模型,并包含了一套实用的应用程序。

然而,当时 CAD 软件行业正在发生剧烈的变化。远在美国参数技术公司启动了一种全新的实体建模技术。这就像是小行星撞击了地球,每一个角落的恐龙,都能感受到它的影响。CAD 软件洗牌的时代,就此开始。

Matra Datavision 随后改变了策略,并成为达索系统(当时主要被 IBM 代理)的集成商。短暂的合作之后,达索系统直接收购了前者的造型软件产品,并获得了 CASCADE 开发工具集的许可。此时的达索系统,正在集中精力应对来自"行星撞地球"的挑战,CATIA V5 软件处于紧锣密鼓的开发之中。达索系统需要将这种工具集成到 CATIA 软件新的版本。

达索系统在这次并购中未把产权问题完全处理好。这为后续的一个开源软件提供了一次从密室走出，迎风绽放的机会。第二年，Matra Datavision 在互联网上将 CASCADE 开源成为 Open CASCADE，并提供相关服务，甚至成立了 Open CASCADE 公司，专门负责支持和开发这个开源平台。几经周折，这个开源平台遇到的最后一个东家是凯捷（Capgemini）咨询公司，目前在法国和俄罗斯都有分支，雇佣了大约 150 名工程师和开发者。Open CASCADE 一直被免费维护、改进和分发，成为三维表面和实体建模、可视化、数据交换和快速应用开发的开源平台；也为数值模拟的前处理和后处理提供了通用的平台。在世界 CAD 软件市场上，希腊的 4MCAD 和 IntelliCAD、印度的 CollabCAD、意大利的 Masterwork CAM，以及免费的 FreeCAD 软件，都是基于 Open CASCADE 的技术开发的。古老的法国 CAD 软件酒窖散发出的酒香，仍在 CAD 软件市场的上空飘散。

3.4.3　大型企业推动工业软件的发展

发展工业软件最重要的因素之一是大型工业企业的推动。法国的工业十分强大，在高铁、航空、核电、汽车等领域占据领先地位。法国的工业软件，正是诞生在这样强大的工业体系中。在汽车公司雷诺和雪铁龙中诞生了最早的曲面定义技术，在航空制造公司 Matra 中诞生了 EUCLID，在法国核电下属的计算机服务公司中诞生了 CISIGRAPH。这些昔日发源于制造技术的条条河流，最终都汇集到诞生于达索飞机公司的达索系统的大江之中，成就了达索系统，使之成为全球工业软件巨头。

由于法国制造业的自动化水平很高，零部件电子化成为发展趋势。法国 TSI（Trace Software International）公司始建于 1989 年，总部位于诺曼底，是电气 CAD/CAE 软件领域的世界领先者。该公司开发的 Elecworks 电气设计软件在 2019 年初被达索系统收购。TSI 的子公司 TraceParts 是世界著名的工业标准件数据库提供商，为电子产品目录及产品结构设计提供解决方案。这是全球最早提供三维电子样本解决方案的公司。自收购了德国公司 web2CAD 之后，Traceparts 发展成为全球最大的三维电子样本供应商。

如前所述，法国汽车制造商在法国CAD软件崛起的时候发挥了巨大的作用。在全新的自动驾驶领域，法国汽车制造商也积极进取。雷诺集团在2017年宣布合资公司AVS。AVS专攻自动驾驶汽车的仿真测试服务。雷诺占35%的股权，雷诺集团对AVS公司的投资有利于雷诺和雷诺-日产联盟在虚拟环境中推进自动驾驶汽车开发测试，不断研发出大量先进技术。该公司研发的SCANeRTM软件，是世界领先的驾驶模拟软件，已应用于雷诺和日产。

3.4.4 恣意绽放的小花

在法国的工业软件领域，既有达索系统这样的世界级“巨无霸”，也有专注于工艺仿真领域的ESI这样的“小巨人”，还有频繁并购、坚定走向软件化企业的工业巨头施耐德电气。此外，在大树底下，恣意绽放着各种小花。

在工程分析领域，2016年被Altair收购的CEDRAT公司曾经是面向电机设计的低频电磁仿真领域领军者。

Digital Surf公司于1989年在法国贝桑松成立，以制作MountainsMap软件而出名。MountainsMap软件是轮廓仪和显微镜制造商喜欢使用的OEM表面分析软件。Digital Surf公司起初是一家3D非接触式激光轮廓仪制造商，从1992年开始通过另一家轮廓仪制造商Taylor-Hobson销售自己的轮廓仪表面分析软件。

法国EOMYS Engineering公司面向快速电机仿真设计和优化软件，专门以麦克斯韦电磁力波产生的振动噪声为专长；法国D2T公司以汽车发动机及动力总成测试软件Morphee驰名。而Imagine Optic SA公司专攻激光和显微领域自适应光学和波前分析设计软件，有全球领先的光学仿真软件和人眼视觉虚拟现实系统。

虽然法国的芯片行业并不算太发达，但法国也有一些EDA软件。知名的企业有为微波器件、电路和射频子系统提供测量、建模和设计的AMCAD公司，提供架构性功率和热管理EDA工具的DOCEA公司，提供RTL全流程EDA软件的Defacto Technologies公司。此外，原来还有诸如Edxact、

Infiniscale 等 EDA 软件厂商，但现在已经被 EDA 软件巨头收购。

法国在线 3D 打印服务商 Sculpteo 公司，于 2019 年 11 月被巴斯夫新业务公司收购，法国 3D 打印软件的大旗由 Sketchfab 公司继续扛起。

在法国，应用集成商也不缺席。与其他国家类似，法国拥有众多的工业应用软件集成服务商。大约有三十多家公司提供 SAP ERP 系统的实施服务，也有像 4CAD 这样专门从事 PLM 和 ERP 集成业务的公司。

法国软件企业大多数是中小企业[①]，其中 70%的中小企业年营业额低于 1 000 万欧元，只有 4%的中小企业年营业额超过 1 000 万欧元。此外，法国软件产业的国际化程度并不高，仅 23%的收入来自国外市场，其中 14%来自欧洲市场。

集聚了如此丰富的软件，法国看上去也是一个不错的软件收购市场。

3.4.5 有利的市场环境

20 世纪八九十年代，正是工业软件腾飞的时候。法国具备有利于工业软件企业发展的大环境，因此法国的工业软件也在这个大环境中受益。

在法国的工业企业中，企业的领导者大多是名校毕业、训练有素的工程师出身，他们普遍对新技术感兴趣，注重考虑如何节省人工，因此支持对自动化、信息化方面的投入，这为法国工业软件的发展提供了肥沃的土壤。

在当时，法国经济正在向服务化转型。各行各业都涌现出数量众多的服务公司，尤其是计算机服务公司，同时提供了很多就业岗位和创业机会。

法国的电信基础设施先进，培育了独立的互联网体系，并拥有完善的知识产权保护体系，这吸引了很多优秀的人力资源投身互联网创业，诞生了大量的软件公司。据统计，20 世纪 80 年代初，法国大约有 1 500 家软件公司。到了 2016 年，法国的软件公司数量已接近 4 000 家。[②]

法国的工业软件紧贴着工业的发展，形影不离。这在服装行业体现得非常明显。法国服装早已成为全球时尚的风向标。领先的法国服装设计行

---

① 中国经济网：《法国软件产业发展现状分析》，2014 年 3 月 20 日，http://www.nipso.cn/onews.asp?id=20662。

② https://www.crunchbase.com/hub/france-software-companies.

业，不负众望地孕育了众多世界一流的服装设计软件公司。其中，1973 年在波尔多创立的 Lectra 公司，在 1976 年即售出第一套服装打版及放码系统，现在已发展成为这个领域专业软件的服务供应商，为时尚业、汽车、家具及其他行业开发先进专业软件和裁剪系统。1984 年创立的 Vetigraph 公司，三十几年来一直在为所有需要切割柔性材料的行业开发 CAD/CAM 解决方案。STRATEGIES 公司在 1995 年就开发出第一套 3D 制鞋软件，专门用于制鞋的建模和仿真，已逐渐发展成为制鞋、皮具和家具行业的 CAD/PDM 技术供应商。显然，即使是服装纺织这类轻工行业，只要附加值足够高，也能孕育出工业软件的花朵。

法国企业与美国企业的联系也十分紧密。达索系统的诞生和成长，一路都有美国军火商洛克希德 · 马丁公司和 IBM 公司站在身后。美国的软件业在法国则设有很多分支机构，以充分利用法国的人力资源，比如微软公司当年最大的海外研发部门就在法国。此外，来自德国的工业技术，也会在法国进行软件化工作。

3.4.6 工程师教育体系源源不断地提供人才

法国的工程师教育体系由拿破仑创立，是享誉世界的精英教育体系。“工程师”头衔在法国地位很高，这个称号在法国受法律保护，是名誉载体。

法国的工程师教育对学生的选拔十分严格，淘汰率也很高。法国的高中生只要拿到高中毕业文凭就可以直接进入大学学习。排名前 10%左右的高中生，需要先在预科学校进行两三年的准备学习，通过严格考试，才有资格进入理想的工程师学院。工程师学院培养出来的毕业生不仅具备深厚的基础科学知识，尤其是数学知识，也拥有广博的技术知识，还拥有包括项目管理、复杂系统和计算机技能在内的工程实用知识。这为工业软件企业提供了高素质的人力资源。曾有报道说，中山大学送往法国顶级工程师学校格勒诺布尔大学培养的留学生，回国后首选的工作岗位是开发核电软件。[1]

---

[1] 《中大核电青年，旁边是法国总统，手里是四大 offer，但她最想做的是……》，2018 年 8 月 13 日，https://mp.weixin.qq.com/s/XWAnCcDvBgoQPBUwZTwvJA。

3.4.7 政府和公共服务机构的支持

法国的很多工业软件和科学软件，都是由国立科研机构开发的。比如说法国科学中心最早开发的 EUCLID 软件、法国原子能机构开发的核电设计软件 SAPHYR、法国国家信息与自动化研究所（INRIA）开发的开源科学计算软件 SCILAB 等。

法国作为欧盟的重要成员国，能够从各种跨欧洲的国际合作项目中获得开发工业软件的知识。比如，多领域建模仿真语言 Modelica，就是欧洲跨国合作项目 ESPRIT 的产物。

国立科研机构法国国家信息与自动化研究所，也会通过技术转移进行科技企业的孵化。法国国家信息与自动化研究所自 1984 年创建第一家公司以来，已在计算机和自动化领域中协助创建了 90 家以上的公司。法国国家信息与自动化研究所针对有意创业的研究员、工程师及青年博士提供多种资助。尚在撰写论文的博士生，则有机会取得法国国家信息与自动化研究所提供的创业奖学金。为支持研究成果转化并累积创业经验，法国国家信息与自动化研究所于 1998 年成立了法国国家资讯暨自动化研究院-技术移转中心。

法国政府通过各种政策激励企业从事研发活动。1983 年，法国开始采用研发税收激励政策。历经几次修改后，1992 年将其命名为“研发税收抵免”（CIR）。《2004 年财政法案》将其修订为一项永久性的、开展创新活动的公共政策。2008 年，对研发税收抵免政策实施的重要改革，使法国成为欧洲提供最优惠研发税收激励政策的国家。[①]

法国政府重视软件的研究与开发工作，从 2000 年开始将软件课题列为国家关键技术。法国积极参与欧盟框架研究计划下的信息科技计划（IST）和尤里卡框架下的 ITEA 计划，并充分利用国家软件技术研究创新网推动软件产业发展。该创新网的工作重点是开发面向未来的软件组件技术和集成技术，为开发新工具提出新概念、新设计，用嵌入式软件增强工具和软件

---

① 《法国软件产业发展现状分析》，2014 年 3 月 20 日，http://www.nipso.cn/onews.asp?id=20662。

的功能。

这种从不停止的努力，也能解释为什么软件行业在法国一直有着良好的发展。2011 年，法国软件产业营业额达 74 亿欧元，对国民经济的贡献率约为 2.6%，软件产业就业人口已然达到全国就业人口的 1.4%。

3.4.8　得天独厚的发展土壤

法国是 CAD 技术起源地之一，汽车、核电和航空工业孕育了法国工业软件的种子。时至今日，在达索系统、ESI 以及施耐德电气之外，法国依然拥有大量活跃的工业软件企业，在服装设计、柔性材料切割等领域独树一帜，是世界工业软件版图中的重要力量。法国完整的工业体系、良好的市场环境、独具特色的工程师教育体系以及政府的积极作为，是推动法国工业软件发展的重要因素。

表 3-3　法国垂直行业纵深的各种"工业小软件"公司一览

公司名称	简介
Alam	已经有 40 多年历史，是钣金加工、切割和机器人 CAD/CAM 软件的领先开发商
DATAKIT	成立于 1994 年，总部位于法国里昂，是 CAD 数据交换市场的领导者，提供多样化 2D/3D CAD 数据交换解决方案。是华天软件的合作伙伴
Kineo CAM	2012 年被西门子收购，是运动轨迹规划领域的专家
Sescoi	1987 年成立于法国里昂，是致力于模具企业生产管理 ERP 系统及自动化 CAM/CAD 软件的开发商
Technodigit	以点云处理软件 3DReshaper 深扎测绘领域
Logopress	主营产品是三维模具设计软件，主要用于五金冲压模的设计
Transvalor	锻造工艺模拟软件 Transvalor. Forge 的开发商

3.5　加拿大与英国：荣光与衰落

3.5.1　低调的工业软件强国

一艘航母开往任何一个地方都是威风凛凛，但它只能震慑一个地区。战略核潜艇来无影去无踪，却掌握着全球毁灭性的核打击力量。工业软件向来都是潜行者，就像是海底的潜水艇，主宰着海平面以下的海洋世界却往往无人知晓。加拿大的工业软件，也是如此显得低调。实际上，人口只有3700万的加拿大，开发了许多全球著名的工业软件，比较而言，可以说是与美国、法国不相上下。

2019年，加拿大的信息通信技术（ICT）行业GDP产值为940亿美元，占全国GDP的4.8%。其中，90%以上是来自软件与计算机服务行业的贡献。

常用的图像处理软件CorelDraw、科幻影片《阿凡达》所使用的特技3D软件，都是来自加拿大。就科学计算软件而言，世界上除了美国的Mathematica和MATLAB，还有加拿大滑铁卢大学开发并早在1980年就对外发布的Maple，形成三足鼎立的局面。在Maple基础上开发的建模仿真系统MapleSim，是多学科建模和高性能仿真方面的佼佼者，在机器人开发的仿真方面拥有独到的特色。中国上海的磁悬浮项目就是采用了这个软件进行物理建模和仿真。

加拿大在信息技术领域深受美国的影响，拥有很多美国产品的姊妹版。例如，实时微内核操作系统QNX软件，于1982年就已经面世，与美国风河公司的VxWorks定位类似。它广泛被用于核反应堆和轨道交通设备，而且在全球汽车的车载平台领域具有优势地位。全球显示芯片巨头ATI公司，在被美国AMD收购之后，其研发业务留在了加拿大，继续与全球霸主英伟达公司抗衡。在芯片设计领域，除了美国Synopsys、Cadence和Mentor（被德国公司收购但总部仍然在美国）三大霸主之外，加拿大的EDA依然有自己的地盘，如Solido Design。主攻存储器、模拟/射频和标准单元的变化感知设计软件的Crosslight（原为Beamtek）则是全球首家推出量子阱激光二极管仿真软件的商业公司。

在热门的人工智能领域，加拿大的表现也令人瞩目，人工智能的学术研究和产业化均极为强大。至2020年，加拿大已经拥有60多个AI实验室、大约650家AI初创企业、40多个加速器和孵化器。著名的人工智能专家理查德·萨顿，是强化学习的开创者，他的学生后来缔造了“阿尔法狗”，让人工智能由此享誉天下，成为新一轮AI的起点。来自多伦多大学的深度学习鼻祖杰弗里·辛顿则几乎凭一己之力，将神经网络从边缘课题变成人工智能的中心舞台。凭借如此雄厚的人才基础,加拿大有可能成为下一个瞩目的全球人工智能中心。

3.5.2　将工业优势转化为工业软件

加拿大是全球最富裕的国家之一,2019 年人均 GDP 达到 4.6 万美元,在发达国家 G7 集团中仅次于美国。这与它得天独厚的自然资源相关。加拿大的原油储量高达 1 730 亿桶,位居世界第三,同时也是第三大矿业国。

人口不多而资源丰富,就容易走上贸易立国的路线,外贸依存度会相当大,对邻国尤其如此。加拿大的对外出口地区相对单一,美国、中国、墨西哥、英国和日本这五大出口国合计占据了加拿大 85%以上总出口份额。2020 年加拿大出口美国的产值达到 2 870 亿美元,占整个加拿大出口总产值的 73%以上。向中国出口虽然排第二位,但只占加拿大出口总产值的 4.8%。美国人口约为 3.3 亿,几乎是加拿大的十倍,而且美国是一个庞大而成熟的市场,这给加拿大本来就非常活跃的技术创新,留下了充足的发挥空间。它的技术发展,有着稳固的后方市场。

能源、制造、矿业是加拿大国民产业经济的重要支柱。[①] 加拿大是世界第三大飞机制造国、第十大汽车制造国。加拿大麦格纳公司,是全球最大的汽车代工制造商,以制造的汽车数量而言,它是全球第三大汽车制造商。这些行业优势,都被加拿大转换为工业软件的优势。

加拿大是全球排名第六的发电量大国,发电量仅次于中国、美国、印度、俄罗斯和日本,在电力工业软件也颇有造诣。电力仿真软件、电力系统软件几乎都曾经是加拿大的天下。加拿大拥有全面的解决方案,包括配电网仿真软件 CYME、接地仿真软件 CDEGS、电磁暂态仿真软件 PSCAD、大规模电网仿真软件 DSA-Tools 等。加拿大的 HYPERSIM 则是基于魁北克水电公司(Hydro-Quebec)多年研究开发的超大型电力系统的仿真测试软件和硬件。

电力系统电磁暂态分析方面以加拿大的 PSCAD 软件较为知名。随着电

---

① 锐眼商业:《全球工业强国三大梯队,谁的工业最齐全?》,2021 年 1 月 5 日,https://www.163.com/dy/article/FVIQ3UPC0539D443.html。

网发展，纯粹依靠软件仿真已不能满足要求，于是出现了实时数字仿真、数模混合仿真，其中有代表性的是 RTDS。作为同类产品中的第一款，RTDS 模拟器是执行实时电力系统仿真的全球基准。

加拿大的庞巴迪工业集团曾经是世界第三大飞机制造商，仅次于波音和空客。加拿大工业软件最大的特点，就是积极配合产业链的延伸。有庞巴迪，就有全球最大的飞行模拟器生产商 CAE 公司。CAE 公司的航空飞行模拟平台 Presagis[①]，为全球飞行员提供训练，很多军事及工业巨头如波音、空客、洛克希德·马丁等都是它的用户。它在汽车建模、仿真和嵌入式显示图形方面都有解决方案。至于作战指挥系统、仿真软件，很多也都是加拿大的。加拿大的 FlightSim 是高精度的标准飞行仿真平台，能够仿真固定翼飞行器的多种动力学特性。

加拿大石油资源丰富。截至 2018 年底，世界原油探明储量 1.672 万亿桶，加拿大储量位列第三，占全球总量的 10%。[②] 尽管如此，加拿大的能源行业却走了一条与中东石油国完全不同的路线。后者是资源密集型，而加拿大的路线是“高科技密集型能源开发”。加拿大在向世界其他地方出口石油天然气的同时，在本国大力提倡清洁能源，其可再生能源发电比例已经达到 66%。“高科技型密集型能源开发”的背后有着丰富的软件支撑。

加拿大的石油化工建模与仿真软件 CMG Suite，则是全球最大的油藏数值模拟软件，可以对地球化学、地质力学等进行分析，也得到了中石油、中石化和中海油等公司的广泛使用。在石油化工的流程模拟领域，主流软件有美国的 PRO/II、Aspen Plus 和英国的 gPROMS，加拿大的 HYSYS 也很早就在石化行业确立了自己的地位，在油气处理及石油化工领域把工艺与设备集成进行仿真，模拟实战状态。

流程模拟软件的开发和应用至今已发展到第四代产品，其中美国的 Aspen Plus 主要应用于化工，法国的 PRO/II 主要应用于炼油，加拿大的 HYSYS 主要应用于油田及天然气处理。21 世纪初才推出的加拿大软件

---

① Presagis 是 CAE 飞机全动模拟机的软件开发平台。

② 唐帅：《加拿大凭什么成为七个工业强国?》，2018 年 9 月 2 日，https://liuxue.xdf.cn/blog/tangshuai3/blog/1405668.shtml。

VMGSim 是后起之秀，由开发 HYSYS 的核心技术人员完成，但已可以跟美国的 Aspen Plus、法国的 PRO/II 等抗衡。

后发企业需要更好地进行知识集成。VMGSim 在全球广泛的建立技术联盟，包括美国国家标准研究院热力学研究中心（NIST/TRC）、世界气体加工协会（GPSA）、世界硫磺工程协会（SRE）等，这使得它在专业分工上有独到的优势，例如脱硫技术非常有竞争力。

实际上，这也是加拿大软件企业的一个特点，即愿意抱团。加拿大软件公司大多数是微型企业，企业的员工一般不超过 10 人，通常依附大公司开展设计与开发。可能意识到了软件业生态的重要性，加拿大的软件战略联盟比较普遍。例如，两个软件企业签订协议一起进行开发，相互嵌套但独立实施销售、产品开发等。这是一个结伴而行的策略。

3.5.3　教育与科研优势

加拿大软件发展得成功有很多原因。第一是工业基础强大，成为工业软件发展的肥沃土壤；第二是所紧邻的美国这个关键市场，无论在职业人才还是产品应用方面，都为工业软件的发展提供了重要的支撑。值得关注的还有加拿大的基础教育与社会环境形成了良好的互动。这是一个整体联动的创新体系。

软件工程是计算机领域发展最快的分支学科之一，加拿大重视软件行业的发展，对软件人才的培养给予非常优惠的政策，花大力气培养掌握计算机软件基本理论知识，熟悉软件开发和管理技术，能够从事软件设计、开发和管理的高级人才。加拿大软件开发专业排名第一的高校是滑铁卢大学，实时微内核操作系统 QNX 正是起源于这所大学。

加拿大的公共和商业部门，重视不断发展的创业家社区，并把它们与商业和学术机构联接起来。目前多伦多、温哥华和蒙特利尔正在成长为加拿大初创企业的中心。

加拿大的创新体系比较完善，积极鼓励软件业的发展。加拿大制定了丰富多样的研发税收减免政策。加拿大小企业有很多机会获得风险资本和公共资金资助的机会，这为加拿大的初创企业成长创造了环境。拥有丰富工业软件的加拿大，也成为跨国软件巨鳄吞吃并购的好场所。Infolytica 作为第一个商业电磁场有限元分析软件，在航空航天、汽车、电器、电力、医疗设备、电子产品等领域的低频电磁设计工程师中有很好的口碑。在创建五十年之后，Infolytica 于 2017 年被西门子公司收购，被并入其旗下的 EDA 软件 Mentor 系列中。

加拿大联邦政府设有纵横交错的研发项目和资金[①]。中小企业税收比较低，如果公司进行了研发投入，则投入的一半左右，由政府直接买单。很多中小企业都得益于政府的多重扶持。2019 年，加拿大 ICT 领域共有 4.3 万个公司。其中，86%以上的企业，雇员在 10 人以下；员工多于 500 人的公司，即使把国际公司的分支机构计算在内，也就 100 个左右。成熟的商业环境，成为工业软件最为稀缺的资源。当然，加拿大也存在工业软件的发展劣势，那就是不断减小的市场规模。加拿大技术落地美国成为最好的选择，但加拿大也在寻找更多备选市场。

3.5.4　国家制造的力量

一个国家大学的基础教育强大、数学基础深厚，就可能会拥有很多软件，如法国、加拿大、英国。但英国，则呈现了与它们不同的趋势。

英国软件产业具有悠久的传统和基础，比如，在数据库、支撑软件包、虚拟现实、金融财务软件和娱乐软件等领域。实际上，英国一直是欧洲独角兽中心，在打造快速发展的全球公司方面，紧随美国和中国之后。根据亿欧数据统计，2019 年有 8 家英国公司迈入独角兽公司阵营[②]，这意味着英国已经产生了 77 家估值 10 亿美元以上的公司，总数达到了德国（34 家）的两倍、以色列（20 家）的三倍。

在工业软件领域，也能看到非常显赫的英国创立者荣光。目前全球商业化的 CAD 软件主流几何内核，是 Parasolid 和 ACIS，由英国剑桥大学的同一

---

① https://www.canada.ca/en/services/science.html.

② 李鹏辉：《超越中美，英国科技行业 2019 年增速引领全球》，2020 年 1 月 16 日，https://www.iyiou.com/analysis/20200116122207。

个教授开发，当时被看作是一代和二代产品。在计算机辅助设计制造（CAM）软件领域，英国也有着非常悠久的传统。如英国达尔康（Delcam）公司的 CAM 软件 PowerMILL 广受赞誉。根据美国调研机构 CIMdata 2012 年的报告，其销售额连续第 13 年保持全球领先的桂冠。2013 年，欧特克公司收购英国达尔康公司[①]，被认为是 CAM 软件领域的一次出人意料的事件。此后，英国的许多 CAM 软件被大肆并购。第二年，营业额约计 8 000 万欧元的英国 CAM 软件公司 Vero 被海克斯康公司全面并购，成为后者测量检测和质量管理部门的一部分。经过多年的并购，Vero 已拥有很多响当当的品牌软件，如 Edgecam、SurfCAM 和 WorkNC 等。

被国外公司收购像是一曲主旋律，一直在英国工业软件界回响。2020 年，海克斯康再次收购英国齿轮设计技术公司 Romax，后者在旋转机械如风机齿轮箱、电动汽车变速箱等的仿真技术领域具有独特的地位。Romax 的软件被用来补充海克斯康的仿真软件 MSC 的产品线，加强海克斯康在低碳新能源和电气化方面的发展。

1988 年，英国 Flomerics 公司成立，旗下的 FloTHERM 软件成为电子与工程行业的空气流及热传递的标准分析程序。2008 年 Flomerics 公司被美国 Mentor 并购。同年，英国最大的工业软件公司 AVEVA 被施耐德电气反向收购。英国工业软件又失去了一颗耀眼的明珠。

比较少的例外之一，是流体与传热仿真软件 Phoenics。它 1981 年的第一个版本 Phoenics - 81[②] 程序是世界最早的流体与传热计算仿真商用软件。它是国际计算流体与计算传热的主要创始人、英国皇家工程院院士 D. B. 斯波尔丁（D. B. Spalding）教授的经典之作，跟 STAR CD 和 Fluent[③] 一起成为流体动力仿真软件领域并驾齐驱的三驾马车。

---

① 它是拥有最大 CAM 研发团队的软件公司，公司拥有 200 多名研发人员从事制造业软件研发，每年都将约四分之一的营业额投入产品研发。

② Phoenics 是 Parabolic Hyperbolic Or Elliptic Numerical Integration Code Series 几个字母的缩写，这意味着只要有流动和传热都可以使用 Phoenics 来模拟计算。Phoenics 可以用来模拟流体流动、传热、化学反应及相关现象。

③ Ansys 中国：《一篇文章看完 Fluent 的起源和发展史诗》，2020 年 8 月 31 日，https://zhuanlan.zhihu.com/p/150222309。

英国至今保持着高度的创新活力。然而，工业软件行业的成长需要工业产业的土壤。去工业化曾经是英国的国策，导致英国制造业一直在衰落。英国制造业增加值从 1994 年 GDP 占比达到 16.4%的高点之后，一路下滑，2019 年只有 8.6%。[①] 早年领先的汽车行业、机床行业都逐渐在走下坡路。随着制造业的落败，英国机床行业的品牌相继陷落，比如，在中国改革开放初期一度走红的英国桥堡机床（Bridgeport）于 2004 年被美国哈挺公司收购。这些都会对 CAM 软件的发展带来深远的影响。整体而言，不可逆转的去工业化，给英国工业软件的发展也带来了损伤。

只有强大的制造业伴行，工业软件才能有更好的发展。法国、加拿大是正面的例子，英国则让我们看到了另外一面。这再次验证了，一个国家的制造对工业软件所起到的支撑性作用。

① 《英国历年制造业增加值占 GDP 比重》，https://www.kylc.com/stats/global/yearly_per_country/g_manufacturing_value_added_in_gdp/gbr.html。

下篇

历史的进化

第四章

设计研发工具软件的兴起

4.1 工业软件的发展为什么这么难

根据联合国产业分类，工业包括制造业、采掘业、建筑业、纺织业、交通运输业、电力生产、水生产等41个大类。工业软件是指在工业领域应用软件，其产业属性本质上属于工业、制造业门类，而不是信息产业。工业系统本质上是信息物理系统，一方面工业、制造知识不断软化为工业软件；另一方面，工业软件不断硬化入芯片、控制器、设备、生产线，直至工厂系统。

工业软件应用于制造、电力、石化、国防等行业，与各行业的工艺环节，如研发、生产、管理、协同等紧密相连。工业软件主要包括研发设计类软件、生产控制类软件、管理运营类软件，以及服务保障类软件。

工业软件中最难征服的三座“高山”，是CAD软件、CAE软件、EDA软件。“高山”之间还遍布着大大小小的“丘陵”，如计算机辅助制造（CAM）、拓扑优化、工程数据库等。工业软件的这三座高山，乃是集人类基础学科和工程知识之大成者。

尽管工业软件支撑了整个工业的体系，但它所占的市场份额却相对较小，在大众的眼中几乎没有什么存在感。然而，工业软件自身的构成，却是令人敬畏、严谨精密的数学、物理、计算机科学和工程经验。几乎再没有其他任何一种产值如此微不足道的工业产品，需要经历如此漫长的成长轨迹。从大学的数学方程式出发，经过漫长的物理机理的冶炼，再通过计算机科学与技术的精炼，最后还必须经过工程知识的淬火，才能成为一个成熟可用的工业软件产品。

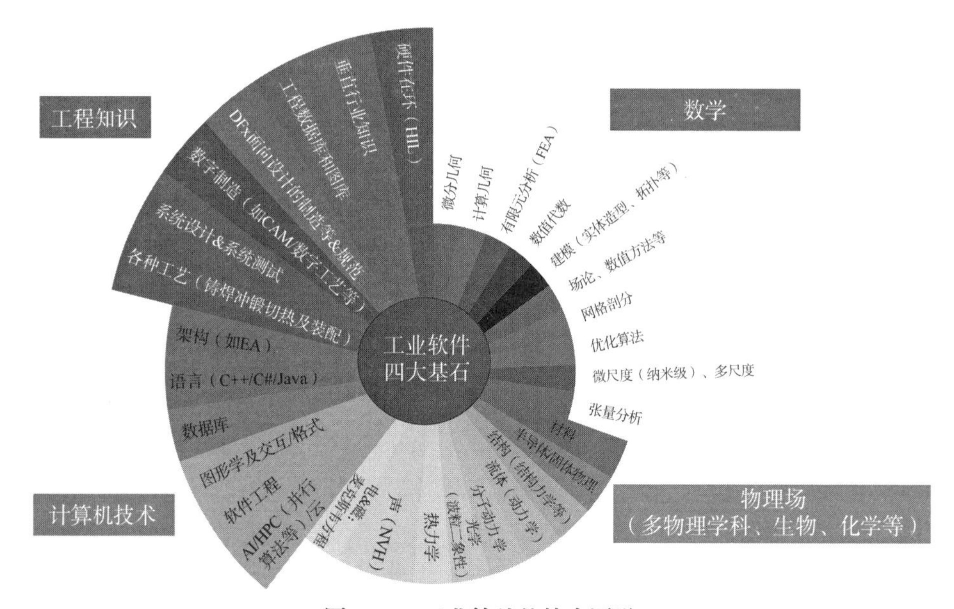

图 4－1　工业软件的技术图谱

数学、物理、计算机和工程——四大基石构成了工业软件的完整技术图谱，同时也形成了深不可测的技术鸿沟。对于任何一个工业软件企业而言，即便有十年发展的沉淀，那也还仅仅是开始。工业软件的成长，是一条漫漫长路。

4.1.1　从数学基础开始

工业软件首先需要扎实的数学基础。计算机辅助设计(CAD)软件的发展，主要是源于数学的一个分支——微分几何取得突破之后，进化出了一个新的计算几何学科。孔斯、弗格森、贝塞尔等为 CAD 软件、CAE 软件、EDA 软件等工业软件所依赖的曲面几何造型提供了强有力的理论基础，在此基础上发展起来的 NURBS 相关曲线曲面理论和算法是目前大部分商用软件所使用几何内核的关键技术。

在仿真分析 CAE 软件中，无论是数据的前处理和后处理，还是各种求解器，对数学也有相当高的要求。CAE 软件的前处理包括数据导入、模型修复和显示，其中很大一部分是网格剖分的能力。这方面的技术门槛并不低。在信息学中，网格（Grid）是一种用于集成或共享地理上分布的各种资源（包括计算机系统、存储系统、通信系统、文件、数据库、程序等），使之成为有机的整体，共同完成各种任务的机制。

作为 CAE 软件领域后起之秀，Altair 是一家拥有几十个产品的上市公司，其前处理软件 HyperMesh 至今仍是最重要的旗舰产品，为公司贡献了最多的收入，也是 Altair 在 CAE 软件领域站稳脚跟的基石。后处理在大规模的数据处理和直观、动态、炫酷可视化展示方面也有较多需要研发的内容。尤其是在浏览器/服务器（B/S）架构下，如何通过网页快速高质量加载海量的 CAE 软件计算结果，是一个巨大的挑战。

工业强度的网格生成算法不仅需要深厚的理论研究，也需要大量的程序开发工作。例如，为了开发 Tetgen 软件，从 2000 年开始到现在的 20 年间，德国的斯杭博士把自己的主要精力全部放在网格生成算法上，这才有了 Tetgen 与商业四面体内核 ghs3d 竞争的能力。法国 Distene 公司开发的 MeshGems 系列网格剖分系统被广泛用于商业 CAE 软件。它最早来源于法国国家信息与自动化研究所，是十几名研发人员专注开发近 20 年的成果。在工业软件这条路上，寂寞黑夜中的探索比比皆是。

在美国国家航空航天局公布的 CFD VISION 2030 战略咨询报告中，网格生成是单列的五项关键领域之一，并被认为是达成 2030 愿景的主要瓶颈。然而，在这样一个高难度的领域，国内很多软件公司仍在仅依靠免费的开源算法（三维有限元网格生成器 Gmsh 之类的），这必然无法满足客户定制改进的需求，也很难进入工业应用的主流。

优化也是普遍性的数值方法，包括优化理论、代理模型等，这些是求解复杂工程问题的基础。其中的各种路径规划所涉及的矩阵理论、泛函分析、动态规划、图论等，是多约束条件下的多目标自动解空间寻优，其底部是数学王国建构的基石。

各种 CAE 软件、EDA 软件中需要多种计算数学理论和算法，包括线性方程组、非线性方程组求解、偏微分方程求解、特征值特征向量求解、大规模稀疏矩阵求解等都需要非常深厚的数学基础[①]。如果不能熟练运用各种数学工具，那么对物理场的建模也就无从谈起。

4.1.2 物理机理的初炼

工业技术的源头是对材料及其物理特性的开发与利用。因此，对多物理场及相互耦合的描述与建模是各种 CAE 分析软件的核心，这是 CAE 软件、EDA 软件着力突破的地方。

在工业软件需要面对的真实大千世界中，所有看得见、看不见的物理场，都在按照各自的机理发挥作用。工业软件必须跨越十分宽广的学科谱系，跨越基础科学、技术科学、工程技术，而且工业软件中也会包含大量的经验、诀窍等“前科学”知识。具体而言，任何 CAE 软件在市场上存身的根本都是其解决结构、流体、热、电和磁、光、声、材料、分子动力学等物理场问题的能力，每种物理场都包含着丰富的分支学科。

仿真分析 CAE 软件的求解器由物理算法组成，每个专业领域都有一堆问题求解算法，不同专业领域如电磁、结构、流体的求解器处理机制完全不同，基本没法通用。另一个方面，跟有限元分析（Finite Element Analysis，简称 FEA）方法有关。有限元分析是用较简单的问题代替复杂问题后再求解，采用的单元类型不同，问题求解算法也不同。

以结构为例，为解决结构设计的问题，有可能涉及理论力学、分析力学、材料力学、结构力学、弹性力学、塑性力学、振动力学、疲劳力学、断裂力学等一系列学科。目前主流的 CAE 软件都支持结构优化功能。相对于传统 CAE 软件的仅限于评估设计是否满足要求，结构优化软件在创成式设计等先进技术支持下可自动生成结构轻、性能优、装配件少的更优设计。

产品智能化的提升导致了产品复杂度的提高，产品本身往往涉及多场多域问题。物理场有太多的组合，相互之间又会互相干扰。为了解决这些复杂的问题，不仅需要深刻理解相关学科的物理特性，以及这些物理特性所

① 至于常微分方程、偏微分方程、数理方程、线性代数、优化算法、复变函数、张量分析、场论、概率与统计、泛函分析、多尺度、拓扑学、黎曼几何等，本身就是打开各种物理场的钥匙。

沉淀的学科方程，如电磁的麦克斯韦方程、流体力学的伯努利方程、纳维-斯托克斯方程等，还需要对实际工程应用领域的多物理场交织耦合环境能够快速解耦，让不同学科、不同特质的特征参数在迭代过程中能够互为方程组求解的输入输出，以便对多场多域的工程问题进行优化。

随着现在需要处理的模型规模越来越大，模型本身也越来越复杂，现有国际上大型商业 CAD 软件、CAE 软件、EDA 软件中使用的几何建模内核和几何约束求解商业化组件产品（包括 InterOp、CGM、ACIS、CDS、Parasolid、D-Cubed 等）的厂商达索系统、西门子等也在不断跟进最新的计算机技术。例如，正在采用多线程技术不断改进之前的算法，用于大幅提升模型导入、模型修复、缝合、实体建模、布尔运算、面片化以及约束求解的效率。

4.1.3　计算机科学的精炼

正如当年围绕机床兴起的“数控技术”，很快就演变为“计算机数控技术”和“计算机辅助设计”一样，工业软件的诞生和早期发展受到计算机与多媒体硬件进步的推动，之后又随软件技术、互联网、计算模式的浪潮起伏。工业软件是软件，但它与硬件设备高度融合。二者无法进行分类，也不能相互修饰。发展工业软件，不可能忽视计算机科学与技术的问题。

这里涉及计算机硬件技术自身的迭代进步，从大型主机（Mainframe），到工程工作站，到个人计算机（PC），再到云计算，甚至到未来的量子计算与普适计算。每当先进的计算技术出现，与之相匹配的工业软件，立即会以鲜明的时代特征，出现在工业界的面前。

软件工程作为一门学科，是为了应对大型软件编码可靠性和质量管理问题而诞生。它是支持协同开发、保障软件生命力的重要手段。软件工程是驱动软件全生命周期工程活动的基础学科。软件工程的重点是算法分析、计算机安全、软件质量控制、软件测试与维护。其中也涉及系统架构设计、面向对象程序设计、数据库、计算机图形学与可视化、操作系统、编译原理、数据结构、高性能计算/图形处理器（HPC/GPU）并行计算等各种学科。

除了与用户打交道最多的软件界面之外，工业软件需要将良好的软件架构和过程管理、统一的数据标准和接口标准、方便的几何建模内核、约束求解器、前后处理、CAE求解器等优势资源集成，还需要加速软件的更新迭代、软件自动化验证、工程经验的积累、软件跨平台（集群、超算）部署、多种服务模式支持、二次开发脚本支持等，乃至后续大规模仿真数据的挖掘、分析等。

工业软件之间的几何模型兼容性问题，目前主要是通过遵循产品模型数据交互规范（STEP）标准解决的。在美国和欧洲都有推动STEP标准开发及应用的非盈利组织，波音、空中客车、通用电气、洛克希德·马丁等航空业巨头推进的长期归档和检索（LOTAR）项目也是以STEP标准为基础。各种CAD软件、CAE软件、EDA软件数据格式之间相互转换造成的信息丢失和精度丢失，每年都会造成高达数十亿美元的损失。此外，如何有效复用这些模型数据也长期困扰着各个行业，特别是有些厂商在设计模型过程中没有遵循严格的标准，“制造”了不少问题数据。这些模型数据传递到下游行业造成了很多问题，有些模型数据甚至根本不可复用。

让我们以图形显示OpenGL技术为例，看看计算技术如何促进CAD软件的发展。OpenGL和WebGL都是图形显示方面非常重要的技术，CAD软件借助于OpenGL和WebGL，可以充分利用图形加速硬件，在运算复杂的渲染、3D显示方面可实现更好的性能和效果。OpenGL是Windows/Unix/Mac操作系统方面的图形库，而WebGL则是网页端的图形库（实际上是OpenGL技术与JavaScript的深度绑定）。OpenGL技术的发展，可以让开发人员花更少时间实现更快更好的展示效果，使得所有CAD软件都大为受益。当然，OpenGL/WebGL技术，在CAD软件中只是占很小一部分比例。CAD软件涉及的技术挑战太多，需要经过大量时间不断打磨才能逐步攻克，没有捷径可走。一个超大的CAD文件，在用软件打开时，是否全部读入或只读入屏幕显示部分数据？读入的CAD数据如何组织管理及优化？数据送到OpenGL后的显示，只有几个方面都达到最优才能实现超大文件流畅地打开和图形快捷操作。这样的挑战何止成百上千，都是CAD软件开发时需要颇费心思的地方。在每个挑战的背后，都需要巨大的投入和反复的尝试。

4.1.4　工程知识的淬火

如何把工业技术与知识写进软件，是业界最关注的议题。

麦克斯韦（Maxwell）能解决电和光的物理方程描述，却解决不了一家电气制造商的设计制造问题。基础研究很重要，但不能解决工程问题。工业软件只有经过工程知识的淬火，才能与工业应用场景紧密地结合。

工业软件可以分为“基—通—专”的层次。第一层“基”是类似 CATIA、UG 这样的基础平台。基础平台往往是最难的，它裹挟了多年的知识沉淀和用户使用习惯，因此门槛很高。在此之上，第二层“通”是指行业相对通用的知识，包括行业设计标准规范、试验测试数据、人机工程学等；再上面一层“专”是指针对特定产品的专用知识，由于适用面非常窄，个性化非常明显，往往更加小众，但知识密度更大。

工业领域的建模与分析场景，汇集了很多不同维度的问题，既有基础学科的交叉如数学、物理；又有不同的工程经验的混合。

工业领域的建模，与消费、交易、电商、社交等场景的建模，是完全不同的两个世界，前者复杂得多。互联网公司的用户画像建模，是用大数据抽取年龄、收入、地域、阶层、职业、学历等，然后关联到购物交易偏好行为。工业界谈到的用户画像建模，其实是与之完全不同的概念。首先它是一个计算机完全描述的对象模型，其多态使用场景随后也精确表征。这种用户画像模型，如果用在设计阶段，就是人机工程分析、使用行为分析等；如果用在生产现场，就是一个虚拟操作员，有资质、劳动能力等级等描述；如果是一个终端用户，则包含身高、驾驶习惯、舒适感等。这样建立的三维模型可以直接载入虚拟产品，进行各种场景的模拟优化和体验。

制造现场涉及大量的工艺过程，这种 Know-how 的转移是一种非常复杂的知识扩散历程。各种工艺如铸造、焊接、冲压、锻造、切削、热处理等，各有各的现场诀窍。许多的暗默知识，只可意会不可言传，师傅带徒弟往往是最有效的方法。工业软件，正向这种知识转化的方式进行宣战。把大量的制造经验，转换成算法、编码，固化入软件，需要一个相当漫长的过程。工业软件的价值，也因此得以凝聚。

实际上，工程知识的汇聚，会让用户养成使用习惯。一旦让用户形成深度依赖，软件后来者的替代将是非常艰难的。以芯片领域为例，电子设计自动化（EDA）软件深度地嵌入芯片设计公司和晶圆代工公司，三者相互连接在一起，不可分离。很多 EDA 软件公司，根本得不到代工工厂的工艺数据，而这些是 EDA 软件发展中最为重要的养分。没有了用户的反馈，软件的发展迟早会陷入困境。

4.1.5　人类制造知识的宏大宫殿

工业软件是架构在数学、物理学、计算机技术和工业技术之上的宏大建筑，是一座复合型知识的宫殿。

工业软件最奇妙的地方，是一旦它集成了前人的技术，这些技术就很少会流失。知识被编码，可以流传下去。工业软件是一层又一层的知识叠加，既有来自软件厂商数学、物理奇才的心血，更有来自无数工业用户的使用反馈。它以这种方式综合了各种精华，成为人类知识的集大成者。

工业软件是真正的工业之花。一花虽小，世界皆在。工业软件的发展，需要民族科学的复兴，以及紧密绑定的工业用户的支持。

4.2　数学家奠定的塔基

如果为一个产业寻根，会发现一个大千世界，最后汇聚到一个点。

当下，作为工业主流的数字化设计与制造，都需要用到 CAD 软件。CAD 软件的基础底层支撑，则是通用几何造型平台，也可以称为几何内核。CAD 软件供应商会通过购买或者自主研发的方式，基于几何内核二次开发各项功能。

然而，从萌芽开始，工业软件的世界就是数学家的天下。四十多年过去了，这个世界仍然狭小，是一个拿着放大镜也找不到的利基市场，却是工业发展的塔基。

4.2.1　天才工程师的两枚金蛋

几何造型平台是CAD软件最核心的基础部分，通常称为几何内核或者几何引擎。专业一些的称呼是图形造型库和图形展示库。目前常见的CAD系统都会提供参数建模方法。

这是一个关于数学工程师的传奇故事，英国剑桥大学是璀璨的闪光之地。剑桥大学CAD实验室的伊恩·布雷德(Ian Braid)在1973年完成了实体造型的博士论文之后，和导师查尔斯·朗(Charles Lang)以及同窗艾伦·格雷尔(Alan Grayer)创办了Shape Data公司，随后开发出第一代实体造型软件Romulus。1981年，一家美国公司买下这家公司，着手开发美国版权的第二代产品，也就是后来大名鼎鼎的几何内核Parasolid。1988年，美国CAD软件供应商UGS公司(现在已经归属西门子公司)，又买下了Parasolid，并将其融入UG集成系统，将UG建成为一个实体和曲面造型通用几何平台。与此同时，Parasolid也作为一个单独的内核产品，可为其他CAD软件开发者提供高质量的几何造型核心功能。

这个几何内核的故事，到此本可以结束，然而技术大师永远不会停止探索。1986年，布雷德被找上门来的美国Spatial Technology公司说得心动，再次发力，开发了第三代面向对象的实体和曲面通用平台ACIS——ACI分别是三位技术核心人员Alan、Charles和Ian的名字的首字母，而S则取自实体(Solid)的首字母。由于ACIS采用了面向对象的数据结构，并采用了C++编程，从而使算法得到大为改进，它的运行速度是第一代几何内核Romulus的4—20倍，是第二代几何内核Parasolid的2—6倍。

除了技术先进性之外，ACIS还采用了一种有效的商业模式，那就是鼓励各家软件公司在ACIS上开发与STEP标准相兼容的集成制造系统。凡是在ACIS上开发的CAX系统都有共享的几何模型，相互可以直接交换产品数据。这样一来，ACIS构成了这些系统的几何总线[①]，也因此带来更多的使用者。

1989年ACIS上市后，影响巨大。CAD软件公司纷纷跟进，或者采用

① 唐荣锡：《CAD/CAM技术》，北京航空航天大学出版社1994年版，第99页。

ACIS内核，或者采用了它的思想改进了自己的内核。例如法国的Euclid-S、CATIA以及美国的鹰图、I-DEAS都采用这种面向对象的思想进行了改进[①]。重大的事件发生在1993年，Autodesk公司与Spatial Technology公司签约，在ACIS平台上开发出MDT三维参数化特征设计系统，成为ACIS的最大用户。

4.2.2 几何内核不先于CAD软件

然而，对于几何内核的认知，却存在着一个极大的误解：先有几何内核，后有之上的CAD软件。实际上，几何内核本来并不存在，而是藏在CAD软件系统之中。

达索飞机公司把其CAD部门独立出来，并起名叫做CATIA的时候，不存在几何内核概念。从麦道公司发展出来的CAD软件UG，以及Autodesk公司的MDT软件，也没有几何内核的概念。在这些系统中，所有的模块都放在一起。同样，后来靠参数造型而名声大噪的美国参数技术公司也没有几何内核的概念。

几何内核成为一门独立的生意，是UGS公司在发展时所采用商业策略的结果，先把Parasolid几何内核变为一个独立的概念，随后发展出来一个很小的利基市场。

UGS公司最早的CAD软件也是内混了几何内核，后来UGS逐渐将内核方面的工作外包给Shape Data公司。Parasolid也被允许使用UG软件得到的一些反馈来丰富的功能。这意味着，UG软件在相当长的时间，一直是负责Parasolid的“测试工作”。

随着这种唇齿相依关系的发展，几何内核逐渐达到了产品级的应用成熟度。一定时间之后，UG软件和Parasolid几何内核已经密不可分。最后，UGS公司索性将Parasolid购买过来。

没有UG软件，就没有Parasolid，也就没有“几何内核”之说。

---

① 唐荣锡：《CAD/CAM技术》，北京航空航天大学出版社1994年版，第12页。

4.2.3 几何内核阵营开始分化

几何内核技术固然重要，但如果单独将其市场化，那么由于市场容量非常小，几何内核公司是无法存活的。2000 年，Spatial Technology 公司被达索公司收购。历经 14 年之后，著名的几何建模内核 ACIS 也被大型 CAD 软件厂商达索系统握在手中。跟它的前辈几何内核一样，被大公司并购，成为它的最好选择。

然而，在此之前，达索系统的 CATIA 软件跟 ACIS 一点关系都没有，CATIA 软件用的是法国土生土长的内核。CATIA 软件一直在完善自己的几何内核，从原来的曲面造型发展到后来的基于 BRep 的实体造型。甚至，达索系统也没有为 CATIA 软件购买通用约束求解器，而是自行开发。

直到后来，达索系统决定把 CATIA 软件的底层部分分离，做成独立的生意。达索系统花了好几年时间，才把所谓的几何内核独立出来，并取名 CGM。

因此，购买 ACIS，对 CATIA 软件而言，主要出于商业和数据交换需要。

如此一来，Parasolid 和 ACIS 分别被西门子公司、达索系统所把控，并形成了两个大的阵营。

AutoCAD、MDT 和 Inventer、Microstation 等软件均采用 ACIS 几何造型器为内核。UG、SolidWorks、Solid Edge 等软件则采用 Parasolid 几何造型器。在这些三维 CAD 软件的实体几何造型内核中，Parasolid 和 ACIS 是两个元老，由于一开始就相对独立发展而比较著名。它们再加上达索系统的 CGM，算是市场上流行的三款商业化几何内核。

大型的 CAD 软件公司一般都有自己的内核。除了 CATIA 软件之外，开创参数建模时代的美国参数技术公司，其内核 Granite 也是独成一派，主要是自己公司使用。这是一个情节不断翻转的故事。当年如日中天的 CAD 软件公司如 CV，也有自己的内核，但在转向参数化实体造型方面并不成功。从 CV 离开的高管人员创建的美国参数技术公司却大获成功，后来反手收购了老东家 CV。

4.2.4 几何内核引发的担心

Parasolid 被出售之后，布雷德等人重新创办了一家公司，开发出全新的 ACIS 继续做几何内核生意。这让后起之秀 SolidWorks 软件得到了使用新内核的机会，它最初给投资者的版本，正是以 ACIS 为基础。获得投资之后，SolidWorks 开始同时测试 Parasolid 和 ACIS。几个月之后，SolidWorks 把内核换成了 Parasolid。ACIS 功能表跟 Parasolid 看上去差不多，但实战方面表现欠佳。尽管 ACIS 是第三代几何内核产品，实验室性能甚至更优，但自从它诞生后，没有一个大公司愿意像当年 UGS 那样紧密地对 ACIS 进行捆绑。所以，ACIS 在市场上的占有率，一直低于上一代内核 Parasolid。这也充分证明，在工业软件领域，缺乏工程用户的交互反馈，任何工业软件都不可能真正地发展起来。

然而，作为 UG 软件的竞争对手之一，SolidWorks 一直活在一个"杯弓蛇影"的恐惧之中。如果 UGS 将来不肯授权其他公司使用 Parasolid，那将怎么办？这是 SolidWorks 不得不考虑的巨大风险。这个担心在 1997 年因达索系统以 3.1 亿美元收购了 SolidWorks 而得以缓解。

这次轮到达索系统进行担心了，Parasolid 在 UGS 的手中，对自己的 SolidWorks 而言，这显然是一个巨大的威胁。2000 年，达索系统决定出手，战略性地收购 ACIS 所属的 Spatial Technology 公司，为 SolidWorks 提供一个备选的安全保障。从这时开始，达索系统跟 ACIS 有了交集。随后，达索系统将自己的内核 CGM 和 ACIS，都放在 Spatial Technology 公司之下。

然而，这次收购又触动了另外一个巨头的利益。正在使用 ACIS 作为内核的欧特克公司（Autodesk）的 Inventor 软件，顿时感受到了巨大的威胁。警惕的欧特克，为了避免受制于达索系统，以反垄断法律为理由，对达索系统提起诉讼。拉锯战的最终结果是，达索系统可以拥有 ACIS，但欧特克拥有随时购买 ACIS 源代码的权利。有了这个条件作为约束，达索系统随即完成了对 ACIS 的收购。

几年以后，欧特克公司迅速地使用了这个权利，采购了 ACIS 的全部源代码，也就是 ACIS R14 版本。在此基础上，Inventor 软件经过了多次版本的迭代。应该说，欧特克的几何内核，虽然源自 ACIS，但跟原来的版本已经区别很大。也可以认为，欧特克已经拥有了自己的几何内核。

4.2.5　一棵开源独苗

开源的 Open CASCADE，是一棵奇特的幼苗。成立于 1964 年的法国马特拉（Matra）公司的 Euclid 系统，也拥有自己的几何内核，主攻曲面造型。为了与美国参数技术公司抗衡，马特拉公司开发了新一代几何内核 CASCADE。现在山大华天的总工，当年就曾经负责基于 CASCADE 的新一代 CAD 系统 Euclid Designer 开发。彼时中国航天对它的理念非常欣赏，认为它符合航天设计需求，中国航天设计可以从老的 Euclid 平稳过渡到新的 Euclid Designer。可惜的是，马特拉最终被达索系统并购，整个新一代系列基本停止了开发，曾对它给予厚望的中国航天，只好逐步转向 PRO/E。

达索系统与马特拉合并后，并没有吸纳所有的研发人员，也没有明确如何用 CASCADE，而是让剩下的人员成立了一个公司。这部分团队索性将 CASCADE 变成开源，按照全开源（LGPL）协议进行管理。代码主要还是由法国团队管理，但是在俄罗斯也有一个较大的团队，进行应用定制开发。显然这并不是达索系统所期望的局面，但达索系统想要扭转为时已晚。最近几年 Open CASCADE 版本更新比较快，在此内核的基础上，开发出一个开源 CAD 系统 FreeCAD。目前国内也有运用 Open CASCADE 的社群，做些小系统的开发工作。基于开源几何内核，开发出商业 CAD 软件的难度可不小。

4.2.6　几何内核的商业悖论

拥有高水平的几何内核，是发展自主 CAD/CAM/CAE 软件的核心工作。然而，世界上的几何内核不多，基本处于垄断地位。国内企业有中望软件公司的 Overdrive 内核（原来是美国 VX CAD 软件的内核，2010 年被中望收购）和山大华天的 CRUX IV（华天 CAD 系统 SV 的内核）等。

然而，把这种内核独立出来，做到商业化，是非常困难的。国内软件商也曾经考虑做一套更商业化的内核，然而市场需求并不支持。工业软件具有一定的特殊性，其市场规模与整个工业规模相比是很小的。因为市场容量的问题，国内企业即使想下苦功夫打磨核心技术也很难获得投资人和用户的支持。最大的几何内核 Parasolid 的年销售额大概在 4 000 多万美元。中国公司要在这方面去竞争，很难实现盈利。

中国拥有自主的几何内核是一个令人振奋的信息。但是，单独研发 CAD 软件几何内核却是没有太大市场的，因此需要与三维 CAD 软件系统整合起来做。实际上，无论是几何内核，还是约束求解器，都可以作为核心共性技术。国内的 CAE 软件和 CAM 软件也许可以采用国产的内核，共同打开市场，但这目前只是一种假设。企业都有生存压力，“造不如买”的现象不可避免地会出现。

中国 CAD 技术领域的著名专家、时任中国图学学会理事长唐荣锡教授，在 2000 年曾经雄心勃勃地喊出“振兴几何造型平台”的口号。按照唐荣锡教授的看法，高水平的通用几何造型平台是发展 CAD 软件产业的一级火箭助推器。在当时，中国的许多 CAD 软件公司，正在借助“甩图板”的东风蓬勃发展。

然而，几何内核是从众多成功的工业软件功能集合萃取而来。没有成功的研制优秀 CAD 软件的基础，就谈不上研制几何平台。但对于中国当时的软件公司而言，不采用先进、流行的通用平台，不但会耽误开发进度，甚至会劳而无功失去在市场上存活的机会。这也是中国的几何内核后来发展非常缓慢的原因之一。

4.2.7 不败的传奇

2000 年 7 月 5 日达索系统签约以 2 150 万美元现金收购 ACIS 业务之后，布雷德等三人决定退出 ACIS，也退出几何内核领域。从 1970 年开始的整整 30 年间，这三位天才工程师的主要精力，都集中在实体造型平台的开发和完善上，也照亮了其他几个 CAD 软件公司的探索之旅。他们把后来所有通用几何造型平台要走的路，都几乎探索完毕。

数学家和工程师相结合，成就了几何内核四十年不败的传奇。

4.3 国防军工是工业软件之母

4.3.1 军方吃到了死螃蟹

第二次世界大战前后，模拟计算机是战争中的计算主力，它控制了几乎所有炮弹的方向。计算力，主宰了从火炮控制到鱼雷瞄准，以及谍报密码分析。这是军事引领计算和软件发展的时代。

1946 年研制成功的电子计算机 ENIAC（Electronic Numerical Integrator And Computer）享尽美誉，尽管另外一台可以编程的 ABC 计算机（阿塔纳索夫-贝瑞计算机）也在争夺这份荣誉。ENIAC 是第一台以数值运算为目的的计算机，它迎来的第一个主顾，是军火承包商诺斯罗普-格鲁曼（Northrop-Grumman）。

1949 年，美国著名军火商诺斯罗普-格鲁曼委托世界上第一台通用电子计算机 ENIAC 之父所创建的科学家公司（后来被兰德公司收购），建立了一台二进制自动化计算机（BINAC）。由于这台计算机是受客户委托定制，可以认为它是世界上第一台商用计算机。可惜的是，基于这份合同的计算机，只生产了一台。这是一次失败的商业化，因为它无法投入使用。双方争吵一番之后，最后不了了之。[①]

那个时候并无大型程序的概念，因为存储空间不足，这台计算机的测试程序只有 50 行代码。然而，这可以算是工业软件最早的萌芽。这根萌芽，与军火生意密切相关。

虽然吃到了一只死螃蟹，但军方并不为失败所动。

实际上，在整个 20 世纪 40 年代，根据《软件工程通史》一书作者卡珀斯·琼斯的统计，军事和国防的应用软件数量，占据了整个市场的 50%[②]；剩下的 38%则是为科学服务的。当然，在那个年代，科学也是为国防服务的。

可以说，美国的工业软件，是由美国国防部一手扶持起来的。

---

① Capers Jones：《软件工程通史》，清华大学出版社 2017 年版，第 78 页。

② Capers Jones：《软件工程通史》，清华大学出版社 2017 年版，第 80 页。

4.3.2 史上最昂贵的软件来自军方

第二次世界大战结束，所有围绕枪炮和导弹的工业软件，似乎都可以休息了。第二次世界大战后不久，苏联也成功引爆了原子弹。美苏两大国家同时拥有原子弹，意味着战争将是一场同归于尽的博弈。

苏联原子弹的引爆，对计算机和软件的发展产生了极其重要的影响。为了抗衡苏联的原子弹，美国决定引入一个大型防空系统 SAGE（Semi-Automatic Ground Environment），以保护美国本土不受敌方远程轰炸机携带核弹的突然侵袭。这是最早的网络战思路，即通过美国各地的雷达站，将监测到的敌机动向信息传送到空军总部，空军指挥员则通过总部的显示器来跟踪敌机的行踪，进而命令就近部队进行拦截。

SAGE 整个技术方案是由麻省理工学院林肯实验室负责制定的，于 1957 年投入试运行。在一系列的竞标中，IBM 战胜了雷神等竞争对手[1]，接受委托开发 SAGE 系统。

最初的 SAGE，采用低级语言（汇编语言）编写，达到 50 万行代码，成为当时最大的应用软件。实际上，这个系统吸引了很多公司参与开发。SAGE 软件开发计划成了软件工程开发中"崇高"的事业之一。当时美国程序员的数量大约为 1 200 名，却有 700 人为 SAGE 项目工作。兰德公司在 1959 年也加入其中，并成立了独立的公司——系统开发公司（SDC），以进一步开发这个估计需要 100 万行代码的软件。

作为当时最大的计算机和军事应用软件项目，SAGE 成为一只军事预算吞金兽。到了 60 年代，对这个项目投入达到了惊人的 120 亿美元（按可比价格计算，投入规模几乎相当于 2014 年的 1 000 亿美元）。[2] SAGE 防空系统集成了计算机、工业软件、通信和网络的成就，独霸一方。它预示着全新的现代信息战争的方向。

然而，SAGE 系统高昂的费用，决定了它无法持续太久。SAGE 计划并未得到完全实施，在 60 年代中期下马。此时，军民合用的概念开始出现。

---

① 西钮特兰王国：《智者运筹帷幄——追忆 SAGE 防空半自动化指挥系统》，2011 年 1 月 25 日，https://www.douban.com/note/131626247/。

② Capers Jones：《软件工程通史》，清华大学出版社 2017 年版，第 84 页。

后来出现的联合监视系统，就是为了减轻 SAGE 系统造成的沉重经济负担。军用、民用雷达尽可能兼用，以减少雷达运行的费用，并用 13 个空军和联邦防空局的联合控制中心替代了 SAGE 系统的控制中心。据说，此举减少了 6 000 名工作人员，大幅节省了 SAGE 系统的开支。

SAGE 系统一直到 1983 年才退役。这个庞大的软件系统推动了一个里程碑的变化，真正改变了美国国家对国防部的预算态度。从此，武器的软件开支，也成为美国的国家预算中最为重要的支出之一。

接下来，是一个典型的军民融合的故事。一个军方项目带来了工业软件技术的孵化。它的研究成果在民用工业中发扬光大，导致传统的工程设计绘图方法发生了革命性的变化。

4.3.3　CAD 软件的诞生：从 SAGE 走向交互

1950 年，美国麻省理工学院在旋风Ⅰ型计算机显示器上生成了简单图形。接着麻省理工学院主持了美国国防部防空系统 SAGE 的研制。这时，一种全新的人机交互工具——光笔，诞生了。光笔可以对屏幕上的字符串进行控制，这种交互操作方式，有点像我们现在使用鼠标器来选择菜单。

将 SAGE 项目中的光笔交互图形技术应用到工程绘图，要归功于麻省理工学院的伊凡·萨瑟兰德（Ivan E. Sutherland）。他在 1963 年完成博士论文，编制了使用光笔在计算机屏幕上选取、定位图形要素的 Sketch-Pad 系统，实现了人机对话式的交互作业，并提出将图形分解为子图和图元的层次数据结构，为 60 年代中至 70 年代末计算机辅助绘图（此时 CAD 软件还停留在“绘图”而非“设计”的意义上）技术的发展，奠定了原型示范基础。

1964 年秋，IBM 公司着手开发交互图形终端的第一代产品 IBM2250，最早采用光笔作为交互输入手段，并配有一组 32 个功能键，以便执行画直线、圆弧、虚线、标注尺寸、提取子图等宏命令。

CAD 软件像就一只孵化的小鸡，敲啄着即将穿破的蛋壳。

此时，美国工业正处于突飞猛进的时期，最具象征性的两大行业迅速作出反应。

首先是汽车工业，美国通用汽车公司与 IBM 合作，开发了 DAC－1 计算机设计加强系统（Design Augmented by Computer）。

与此同时，美国飞机制造商洛克希德公司和麦克唐纳公司也各自独立在 IBM2250 上开发二维绘图系统，前者称为 CADAM，后者则称为 CADD。从 60 年代末起，研究人员逐渐在这些系统中增加曲线和曲面功能、数控加工编程功能等，形成了最早的计算机辅助设计、制造（简称 CAD/CAM）系统。1974 年，CADAM 软件正式作为商品开始对外出售，最终成为 70 年代至 80 年代中期 IBM 主机上应用最广的第一代 CAD/CAM 软件产品。

欧洲也作出了反应。以幻影 2000 和阵风战斗机而闻名的法国达索飞机公司的 CAD/CAM 部门开发了知名的 CATIA 软件，之后软件部门分离出来并形成独立的达索系统公司。达索飞机公司首先是 CATIA 的开发者，随后又是坚定的用户和支持者。达索系统同时还积极引进洛克希德公司的 CADAM 软件进行学习。1989 年，洛克希德公司开发新型战斗机，因缺少资金决定出售 CADAM 公司（洛克希德公司为自己的 CADAM 软件业务专门成立了 CADAM 公司）。作为老合作方，IBM 在 1990 年 1 月用 2.7 亿美元收购了 CADAM 公司，并于 1992 年起将之托付达索系统管理。

这种跨国之间的工程知识融合，带有浓烈的军方色彩，造就了来日三大高端 CAD 软件之一的 CATIA。它继承了法国达索飞机和美国洛克希德两家顶级军机制造商的传统，成为当前航空工业中必不可少的工程应用软件。

4.3.4　没有军方支持，就没有 CAD 软件产业

20 世纪 80 年代初，CAD 系统的价格依然令一般企业望而却步，这使得 CAD 技术无法拥有更广阔的市场。当时 CAD 技术、CAE 技术的价格极其昂贵。在中国，一套 CATIA 的年租金需要 15—20 万美元；仿真软件 MSC Nastran 在 1988 年第一次进入中国时，IBM4381 大型机版本三年租期需要 19 万美元。另外，软件商品化程度一般都很低。由于开发者本身也是 CAD 软件大用户，因此彼此之间技术保密。在 70 年代冷战时期，只有少数几家受到国家财政支持的军火商，才有条件独立开发或依托某厂商发展 CAD 技

术。例如 CADAM 由美国洛克希德公司支持,CALMA 由美国通用电气公司开发,CV 得到了波音、麦道、通用电气和罗尔斯・罗伊斯发动机等公司的支持。I-DEAS 由美国国家航空及宇航局支持,UG 由美国麦道公司开发,CATIA 则由法国达索飞机公司开发。

此刻,除了军工行业之外,CAD 技术还吸引了如日中天的民用汽车制造巨头。汽车制造商纷纷摸索开发一些曲面系统为自己服务,如大众汽车公司的 SURF、福特汽车公司的 PDGS、雷诺汽车公司的 EUCLID。丰田、通用汽车公司等也都开发了自己的 CAD 系统。然而,由于无军方支持,开发经费及经验不足,它们开发出来的软件商品化程度都较军方支持的系统更低,功能覆盖面和软件水平亦相差较大。

这些曾喧闹一时的公司,经过几十年的发展和上百次的并购,最终被合并同类项,形成了如今的工业软件寡头垄断的局面。从现存的三家高端 CAD 软件企业来看,与波音交往密集的 CV 公司出走的管理层创立了独树一帜的美国参数技术公司,达索飞机公司直接诞生了 CATIA,麦道公司一手成就了 UG(现在归于西门子工业软件部门)。

如果简化复杂的历史轮廓,抛开曲折的并购商业史,可以得出一个简单的结论:没有军方支持的 CAD 软件,最终不可能活下来。

在中国,某型号军机是 CATIA V5 在全球找到的第一个用户。这是 CATIA 的第一个 Windows 版本。来自中国军机用户者的大量建议,也使得 CATIA V5 得以快速完善,使得 CATIA V5 商业化之路更加稳健。同样,如果去翻看仿真 CAE 软件的历史,也留下了军方和航空航天的深刻印记。

除了软件产品本身,美国军方在制定工业软件的标准方面,也从不懈怠。随着各种计算软件的使用,相互交换产品信息成为一种必需。许多国家开始制定数字化产品的格式标准。其中最有影响力的,当属于美国提出的原始图形交换规范(Initial Graphics Exchange Specification,简称 IGES)。它诞生于美国空军的集成计算机辅助制造(Integrated Computer Aided Manufacturing,简称 ICAM)计划,由美国国家标准局(NBS)组织波音公司、通用电气公司等共同商议制定。自 1980 年初公布第一版起,它就成为事实上的国际标准,几乎所有的 CAD 系统都配置了 IGES 接口。1982 年,受美国空军委托，麦道军机部牵头，形成了产品数据交换规范。这个规范成为国际标准化组织（ISO）制定的 STEP（产品模型数据交互规范）标准的重要支撑[①]。

此外，美国空军的 ICAM 计划，对分析设计方法影响深远，一种叫做 IDEF（ICAM DEFinition method）的方法论，风靡一时。更重要的是，它带动了另外一个宏大的柔性制造计划，那就是计算机集成制造系统（CIMS）工程。在中国，CIMS 工程被纳入 863 计划，造就中国制造业走向信息化的重要契机，“甩图板”成为信息化的启蒙课本，对中国的从业人员影响深远。

4.3.5 快进！情节都一样

随后三十年，我们可以按下快进键，一闪而过。这些被国防军工孵化、养育、送上马的工业软件商，都走上了市场化的道路。有了国防军工巨额经费的多年滋养，通过并购、国际化的路线，工业软件商已经发展成为完全成熟的企业。然而，军方一如既往地支持工业软件的发展。

2018 年 7 月，在美国国防部推动的“电子复兴计划（ERI）”所公开的五年项目中，EDA 软件毫无意外地获得了同级项目中金额最多的扶持。在 EDA 软件领域稳坐前三的美国 Synopsys 公司、Cadence 公司，依然享受着美国军方的呵护。这就是美国军方的思路：为了电子产业更强，必须 EDA 先行。

工业软件的成功，离不开军事工业的滋养，但更重要的是知识产权的转换机制，需要精心设计、无缝衔接。诞生于波音公司的 EASY5 软件，最早是为军方开发使用的，随后由波音公司完成了商业化。经过近 30 年的不断积累，以及大量工程问题的检验，它包含了飞机设计过程中实战而来的各种数据，有近 500 多个数据库模块，可谓是波音公司工程仿真经验的结晶。2002 年，当时还是独立的仿真软件公司 MSC，从波音手中收购 EASY5，随后将之升级为 Windows 版本，并推向市场。从军方的项目扶持，到主机厂的夯实丰富，再到独立软件公司的彻底商业化，产权转换流畅自如。

中国其实也有很多好的软件产品，例如中国空气动力研究与发展中心

---

① 唐荣锡：《CAD/CAM 技术》，北京航空航天大学出版社 1994 年版，第 15 页。

的风雷软件 PHengLei、航空 623 所的大型结构分析软件 HAJIF。早在 1985 年，航空 623 所主导的有限元分析软件 HAJIF 就获国家科技进步一等奖。工程师们花费数十年的这些心血，如果给予更好的商业环境，同样可以成为锋利的宝剑。

4.3.6 看不见的军火生意

可能会让所有人都感到惊讶的是，美国国防部其实是全世界最多软件的拥有者。在美国，军事软件一直是可以独立成章的类别。在最近几十年的商业史中，密密麻麻写满了软件的传奇故事：无论是 Windows 95 开创的个人 PC 机的巅峰时代，还是辉煌一时的互联网，或者是打爆天下的移动互联网、云计算、人工智能、App。然而，从 1990 年开始到现在的三十年间，虽然应用软件数量经历了大爆炸般激增，美国军事和国防应用软件的数量，依然牢牢地占据了 16%的比例。美国国防军工的应用软件的发展势头依旧，从未减速。

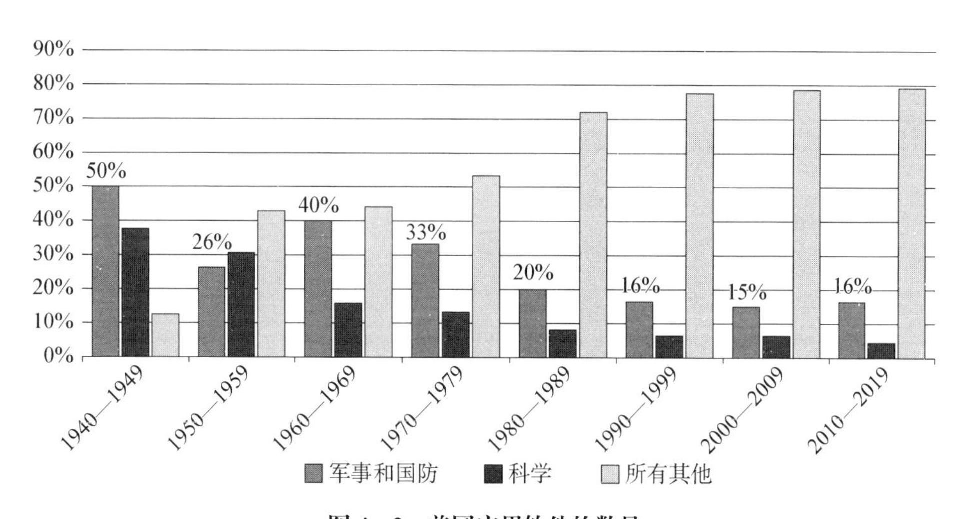

图 4-2 美国应用软件的数量

资料来源：卡珀斯·琼斯：《软件工程通史：1930—2019》，清华大学出版社 2017 年版。

如此来看，就代码的数量而言，全球头号军火商洛克希德·马丁很早就超越微软成为最大的软件商也就毫不奇怪了。随着美军向“网络中心战”

(Network-centric warfare,简称 NCW)转移,各类武器统一上网,指挥中心将一统天下,洛克希德·马丁公司自然也成为赢家。一个单兵就是全系统,这是未来武器的发展方向。这背后,需要大量软件的支持。

美国军工行业一直高调而持久地推动着民用工业软件的发展。工业软件其实是一桩看不见的军火生意。从这个意义上来说,军工是工业软件之母。

第五章

工具软件的国外之路：从草莽时代到江湖分庭

5.1　航空飞机带动CAD软件一起飞

对于CAD软件的发展，飞机制造公司起到了巨大的带动作用。无论是美国的波音、洛克希德、麦道，还是法国达索、德国MBB军机分部，最早都在自己的企业内部大力推动了CAD软件和数控编程的发展。

这些复杂的高端装备制造商，也因此成为工业软件的重要奠基者。

5.1.1　走向商业化，起飞

自1964年IBM公司推出IBM2250光笔交互图形终端后，美国洛克希德公司开始研制用于飞机结构设计的绘图软件。它的工程部门率先开发了早期CAD应用程序CADAM。在该公司的商用宽体客机L-1011的设计过程中，CADAM大放光彩，从机身表面的设计，到多达75 000个电气端子的连接，甚至到飞机地板上所铺的地毯，都留下了CADAM的身影。

由于宽体客机L-1011的惨败，1972年的洛克希德公司处于一个危险的局面。为了改善恶化的经济状况，该公司管理层决定将CADAM投入商业使用，以赚取收入。尽管遭到了公司工程部门的坚决抵制——CADAM本来是工程部门的一柄杀手锏，但抵制无效，企业内部开发的CADAM软件，开始走向外部化的商业应用。该公司甚至成立了一个单独的部门，对

CADAM进行推广和营销。为了让CADAM更有吸引力，该公司愿意提供源代码，以便用户对软件进行修改。这与大多数商业CAD系统的做法不同，其实是一种非常少见的商业行为。1982年，该公司干脆组建了CADAM公司，以新的机制再一次挺进市场。

当时，硬件资源极其昂贵和稀缺。那是一个硬件和软件捆绑销售、双剑合璧纵横四海的时代。更准确地说，所有的软件必须向硬件制造商靠拢。IBM公司作为卓越的计算机制造商和显示终端制造商，无疑成为CAD软件的绝配。1978年，IBM开始作为CADAM代理实施捆绑销售。实际上，IBM早已发现，软件可以推动硬件计算机的销售。在当时，一台配备两个3251显示器的IBM 4331主机的硬件价格达到26.5万美元，而软件的价格仅为十分之一：2.6万美元，外加每月3 200美元的使用费。[①] 这种捆绑战术相当成功，IBM一度成为最大的CAD软件供应商。

然而，洛克希德公司开发的宽体商用客机L-110，遭遇了致命的市场冷淡。再加上军方项目的不顺利，一时间使洛克希德公司处于了破产边缘。

彼时，快速精简成本结构是洛克希德公司唯一的出路，而CADAM公司，员工人数已经达到600人。出售CADAM公司，自然而然地被提到议事日程上。抛售CADAM公司！这在1989年可算是超级大新闻。因为CADAM是当时市场上最红火的主流CAD软件。1985年IBM代理的两种软件CADAM和CATIA，销售总额为7.5亿美元。其中，CADAM软件销售几乎占了全部；IBM代理的CATIA软件，销售额只有几千万美元。[②]

一时间竞购对象纷至沓来，它们都是计算机界的王者，IBM、DEC，甚至在日本对IBM造成巨大威胁的兼容机制造商富士通，都有并购的意向。

历史证明，最熟悉的朋友也许是最糟糕的合作伙伴。成为并购赢家的IBM始乱终弃，CADAM最终香陨颜散。从1978年开始，IBM公司就只允许CADAM在IBM机型上应用，因此大幅影响了它的兼容性发展；IBM在

---

① David E. Weisberg, *The Engineering Design Revolution*, http://www.cadhistory.net/toc.htm, 2006.

② 唐荣锡：《CAD产业发展回顾与思考（之七）：问苍茫大地 谁主沉浮》，《现代制造》2003年第28期。

1990年1月并购CADAM之后，对它亦无积极的发展措施。1992年，CADAM被甩给达索系统公司托管。CATIA软件的发展势头强劲，再加上新秀CAD软件的猛烈夹击，CADAM终于走向没落。

5.1.2　福祸相依，展翅

很早，飞机制造公司麦道就注意到了设计软件的重要性。1960年，麦道成立了自动化公司McAuto，它对于后来整个CAD软件产业的发展，起到了关键性的推动作用。20世纪70年代，正是各大飞机制造公司角逐美国国防部订单的时代。结合F15战斗机的开发，麦道公司成功地发展了曲面造型和三维线框设计的工业设计软件CADD，这比法国的CATIA还要早了许多。与此同时，McAuto公司还开发出了小型数控加工编程系统，用于F15战斗机的零部件制造。

CADD软件采用了孔斯曲面系统，对加工能力做了充分的接口，加工编程能力非常强。当时它的口号是“曲面能设计，开机能加工”，这开创了“面向设计的制造”。CADD软件是非常典型的CAD软件与CAM软件天然结合系统；同时，为主流的仿真软件如Nastran、ANSYS、MoldFlow留有接口，具有良好的多面手特征，在模具行业的应用十分广泛。

相比洛克希德CADAM系统的完全开放性，麦道的做法则谨慎得多，它所开发的CADD软件，并不完全对外开放，尤其是对于竞争对手。对外方面，它只提供给协作单位军火承包商Northgrup公司使用。精于制造的麦道公司，在1975年收购了一家以数控编程软件见长的公司，这家公司拥有后来大名鼎鼎的工业软件UG。麦道将二者做了结合，移植了CADD功能，进一步加强了UG软件的力量。

然而，与洛克希德犯的错误类似，麦道在宽体客机DC-10上栽了跟头。三引擎飞机因其巨大的耗油量，在随后的石油危机之下，成为一个明显的战略失误。不得已，麦道只能断腕求生存。1991年5月，UG软件被麦道公司出售给通用汽车公司旗下的EDS咨询公司，它的航空主营方向难免受到牵连，使得它在飞机制造行业的发展势头有所减缓。1996年12月，UG

软件再遭一棒，波音公司决定以133亿美元并购麦道公司。波音是CATIA软件的忠实用户，UG软件逐渐被踢出供应商体系。失去了麦道护身符之后，UG软件在航空领域受到了严重的阻隔，只能加大在民品行业的发展，汽车行业成为了它的重点。由于当时汽车产业正在快速发展，再加上美国通用汽车公司的呵护，UG软件继续得到发展。

经过复杂的并购转手，2006年UG软件被再次出售。辗转反侧，它终于找到了稳定的工业东家——西门子。

5.1.3 法、美的幸运儿，翱翔

法国航空业和美国航空业都把充足的阳光留给了达索系统的CATIA软件。

达索飞机公司在1960年就开始使用IBM计算机，并在1967年开始采用贝塞尔曲线(Berzier curve)，建立飞机外形的数学模型。贝塞尔曲线是应用于二维图形应用程序的数学曲线。

著名的幻影战斗机，早在1970年就开始展开数字化设计。后来这个工业软件被命名为“CATIA”。虽然在起点上落后于美国工业软件的发展，但后发优势在于，CATIA在诞生时就避开二维而将重点放在三维，甚至其产品全称就直接是“计算机辅助三维交互应用(Computer Aided Three-dimensional Interactive Application)”，一举覆盖曲面、线框、实体、加工、机构分析等。

与此同时，达索飞机公司采用齐头并进的原则。一方面发展自己的交互式三维CAD软件CATIA；另一方面引入洛克希德的CADAM系统，1975年花费100万美元购买了CADAM源代码，消化其技术。近学雷诺，远学洛克希德，又与蓝色巨人IBM结盟，CATIA发展势头凶猛。

CATIA软件是为幻影战斗机而生，随后尽管与达索飞机公司分开独立运营，但后者一直是CATIA软件最稳定的支持者。CATIA软件与洛克希德公司开发的CADAM软件的关系，则是先学习后并入，因此它也深得美国飞机制造的精髓。由于联盟得当，CATIA软件与IBM的关系亲密，所以波音公司也成为CATIA软件的坚定用户。波音公司在1985年考察达索航

空公司之后，决定清一色采用CATIA软件，替代多样化的系统。此外，在欧洲成立的空客公司，也是CATIA软件的重要用户。可以说，四个强大的航空制造巨头，联手打造了在航空工业中被广泛应用的CATIA软件。

CATIA软件，几乎没有走过弯路。

5.1.4　中国航空工业，萌芽

CAD软件就像是一盆蝴蝶兰，虽然颜值高，但对环境的要求也很苛刻，稍有照料不周就无法存活。不离不弃的航空工业，正是它最好的呵护之地。改革开放后的中国航空工业，也曾经是国产CAD软件孵化的沃土。

中国的航空业跟美国有过一段紧密的合作期，中美航空工业的相互交流曾经非常积极。根据唐荣锡教授的回顾，当年航空工业部带领高级代表团，访问麦道公司和洛克希德公司长达一个多月。以麦道CADD和洛克希德CADAM为代表的工业软件，给中国飞机公司的总设计师、总工艺师、气动结构专家留下了非常深刻的印象。中美双方完成合作谈判后，麦道飞机在中国的生产，被提到日程上。南昌飞机公司1987年引进麦道旗下的UG软件，并用该软件进行设计和生产了P5农用机和K8教练机。[①] 1988年到1996年间，CAD/CAM软件在中国航空工业得到大力推广。与此同时，国家863计划也在推进CIMS项目建设。但那个时候由于数控制造装备的稀缺和计算机技术的限制，国内工业软件的开发与应用实际上并没有取得太大的进展。20世纪90年代初期，由于麦道干线项目的引入，在几大主机企业和一些辅机企业中，无论是工装设计、制造以及零件加工编程，还是三坐标测量等，都大量应用UG软件。可以说，中国航空制造业的发展，为国外工业软件的成熟，提供了很多宝贵的反馈。

1998年，达索系统做出了一个大胆的举动，那就是将CATIA向Windows系统迁移，并推出了影响深远的CATIA V5，99%的用户界面都采用微软Windows界面。当时正值小型机在全球航空工业占据霸主地位，没

---

① 唐荣锡：《CAD产业发展的回顾与思考(之二)：美国飞机公司CAD产业兴衰》，《现代制造》2003年第21期。

有飞机制造商愿意为全新版本尝鲜。中国某机型的开发团队，则出于成本上的考虑，“大胆”地使用了 CATIA V5 这个全新系统。在使用的当年，就提出了 500 多条问题或建议，大幅提升了 CATIA V5 的使用成熟程度，而且积累了很多经验。这件事情当年惊动了波音公司，波音公司组织人员专门前往中国听取建议。

中国航空制造业在工业软件的开发方面，也取得一些不错的战果。在一直执著发展国产 CAD 软件的唐荣锡前辈的文章中，留有一些零星的记忆。

在 1983 年，中国航空制造专家在完成的辅助制造集成系统 CAM251 中，综合了外形数学造型、数控绘图和数控加工。这个系统成功地在飞机上得到应用——有的机种试制周期缩短三分之一，有的型号标准工装减少二分之一。

中国航空工业和欧洲的合作始于 1979 年，最初是跟德国宇航公司 MBB 合作。当时，中国的第三机械工业部组织了一支国家队，包括 601 所、603 所、611 所、623 所、625 所、631 所，以及高校、工厂的技术人员参与，开发了航空集成制造系统 CADEMAS(Application Support)。该系统可以跟数控软件、仿真 Nastran 软件、Oracle 数据库等进行接口。该项目在鼎盛时期曾经向 30 多个部门进行推广。

当时也正是北京航空制造工程研究所(航空部 625 所)在工业软件领域大放异彩的时刻。该研究所参与完成了复杂曲面设计系统 LOGICA[①]，以 140 万元人民币的研制费用，在 1991 年开发出数控加工编程系统 CAMS，替换掉了需要花费 140 万美元从国外引进的代码。在那个外汇紧缺的时代，这是令人惊叹的贡献。数学建模 CADS 系统也在 1994 年通过鉴定，仅花费 80 万元人民币研制费用，就可以与国外价值 200 万美元的源程序对阵媲美。遗憾的是，这些自主知识产权的成果后来没有得到很好的利用。

其实，美国也有执行不下去的项目。在 1980—1985 年间，波音公司打算开发自己的 CAD/CAM 集成系统模块，也就是 TIGER 计划。波音公司

① 唐荣锡：《CAD 产业发展的回顾与思考(之八)：航空工业数字化技术建设》，《现代制造》2013 年第 30 期。

每年投入250名研发人员，前后投入3000万美元，最后，因为工程太大，项目只能下马。这是波音公司一次代价沉重的尝试。不过，它也成就了一个非常彪悍的成果，那就是研发出一套全新的NURBS曲面系统。这套NURBS曲面系统影响深远，它被应用于CAD软件内核的一个重要分支内核ACIS[①]，一大批工业软件商因此从中受益。

尽管一个项目可能会失败，但是仍然会有工程师的知识得到结晶和传递，使得知识不断被重用。这本来就是高端装备工业得以持续发展的一种重要特征。

5.1.5　大飞机带着工业软件一起飞

翻看国外航空工业孵化工业软件的历史，从来就是二者相伴一起飞。航空制造业一直是孕育CAD软件产业的摇篮，五十年未曾改变，由此造就了一大批工业软件巨头。

当今世界航空工业有美国波音和欧洲空客两极，处在黄金起跑线上的中国航空工业，正在努力成为ABC（Airbus、Boeing、Comac[②]）中的第三极；现在，世界上的大型工业软件也是分列美欧两极，那么中国工业软件有可能成为第三极吗？开始起飞的中国大飞机，或许会有时间带着工业软件的雏鹰，一起翱翔。

5.2　CAE软件的鲨鱼吞噬史

5.2.1　火种起于航天

1961年，因为急于扭转太空领域落后于苏联的局面，美国制定了登月计划，由此改变了美国的航天面貌。这是人类危险而复杂的一次探索任务，美国国家航空航天局被委以重任。为了解决宇航工业对于结构分析的迫切需求，美国国家航空航天局在1966年提出发展世界上第一套泛用型的有限

① 唐荣锡：《CAD产业发展的回顾与思考（之七）：问苍茫大地　谁主沉浮》，《现代制造》，2003年第28期。

② Comac，中国商用飞机有限责任公司的英文简称。

元分析软件 Nastran 的计划。可以说,仿真分析软件,是伴随着人类最伟大的制造工程而生。

之后,不断的并购,则进入仿真 CAE 软件的 50 多年的发展史。

5.2.2 第一条嗜血鲨鱼

MSC 公司创建于 1963 年,参与了美国国家航空航天局整个 Nastran 程序的开发过程。1969 年美国国家航空航天局推出了 Nastran 第一个版本,之后对它继续改进,并在 1971 年推出了 MSC-Nastran。

前期研发有国家扶持,之后将软件直接商业化,MSC 公司迅速奠定自己的行业先锋的位置。然而,MSC 公司的长大,却是走了一条血盆之口大开的并购之路。从 1989 年开始到 2016 年的 20 多年间,MSC 一共兼并和重组了 10 余家公司。

在美国国家航空航天局的支持下,还有另外两个小公司(UAI 和 CSAR)分别在美国国家航空航天局的软件版本上,扩展出自己的商业软件。一统江湖,是每一个枭雄都想做的事情。于是,MSC 在 1999 年收购了这两家小而美的公司,并一口气吃掉了第一个商业非线性有限元程序 MARC。从此,MSC 成为市场上惟一一家提供 Nastran 商业代码的供应商,一时执有限元分析之牛耳。在 2002 年,MSC 以 1.2 亿美元收购虚拟样机仿真软件公司 MDI。MDI 公司的大名鼎鼎的机械系统运动学、动力学仿真分析软件 Admas 都被 MSC 收入囊中,成为 MSC 分析体系中又一个重要的组成部分。

工业软件离不开工业巨头的抚养。诞生于波音公司的 Easy5 软件,最早本来是为军方开发使用的,随后由波音公司完成了商业化。Easy5 软件是一个飞机工程知识宝库,汇集了各学科领域富有经验的工程师和数值计算专家在飞机设计过程中得到的实战知识和数据。经过近 30 年的不断积累和大量工程问题的检验,Easy5 已经成为独一无二的控制与多学科动态系统仿真分析工具,可谓是波音公司工程仿真经验的结晶。2002 年,MSC 公司收购了 Easy5 软件,并在随后将之升级为 Windows 版本。

甲方和乙方的角色,轻松地切换,形成了一种独特的知识流动机制。这是 MSC 的黄金年代。

然而，好景不长，受全球金融风暴的持续影响，MSC 公司的业绩开始下滑。2009 年 MSC 公司被一家投资集团看中，被收购后变为私人公司，退出了股票市场。在美国，这是常常发生的事情，投资者并购软件公司然后坐等着待价而沽。2010 年，MSC 开始艰难转型，从产品到策略都计划进行调整。

但在纯资本的东家手里，MSC 似乎迷失了方向，或者这本来就是投资家的策略。因此，它再次更换东家是迟早的事情。

果然，作为世界十大原创软件公司之一，MSC 在 2017 年被瑞典公司海克斯康以 8 亿美元并购，一口吞掉。这，可能就是身处海洋中的命运。

5.2.3　一个老牌企业的补血之路

老牌的仿真企业 ANSYS，现在依然保持着活力。仿真技术公司的源头，往往都有一个执著的工程师。ANSYS 的故事，也是从天才工程师开始。约翰·斯旺森（John Swanson）博士早年在美国西屋电气公司工作的时候，创立了一套有限元分析程序。1969 年，斯旺森创立了 ANSYS 的前身公司。应该说，这也是一家车库创业公司。

不同于 MSC、UGS 的仿真源于美国国家航空航天局，ANSYS 是从服务于西屋核电公司出发而形成的一个仿真流派。自 2000 年开始，ANSYS 进行了一系列收购，为仿真软件的快速发展，打下了良好的基础。

2003 年，ANSYS 公司出资 2 100 万美元收购 AEA 公司的 CFX 软件业务。后者是全球第一个通过 ISO9001 质量认证的大型商业流体力学（CFD）软件，是英国工程科技咨询公司为解决工业实际问题而开发的。CAE 软件领域很常见的一种现象，是工程公司往往会拥有自己的工业软件。在对外进行咨询的时候，这种自主研发的软件会成为一种提前锁定方案的利器。

从 2006 年开始，通过几次连续的收购，ANSYS 在计算流体力学领域声威大震。当时 Fluent、CFX、STAR-CD 软件是计算流体力学领域的三驾马车，ANSYS 收购了其中两款，大幅加强了 ANSYS 在计算流体力学领域的地位。稀缺的计算流体力学独立资源，就剩下 STAR-CD 一款，它被鲨鱼吃

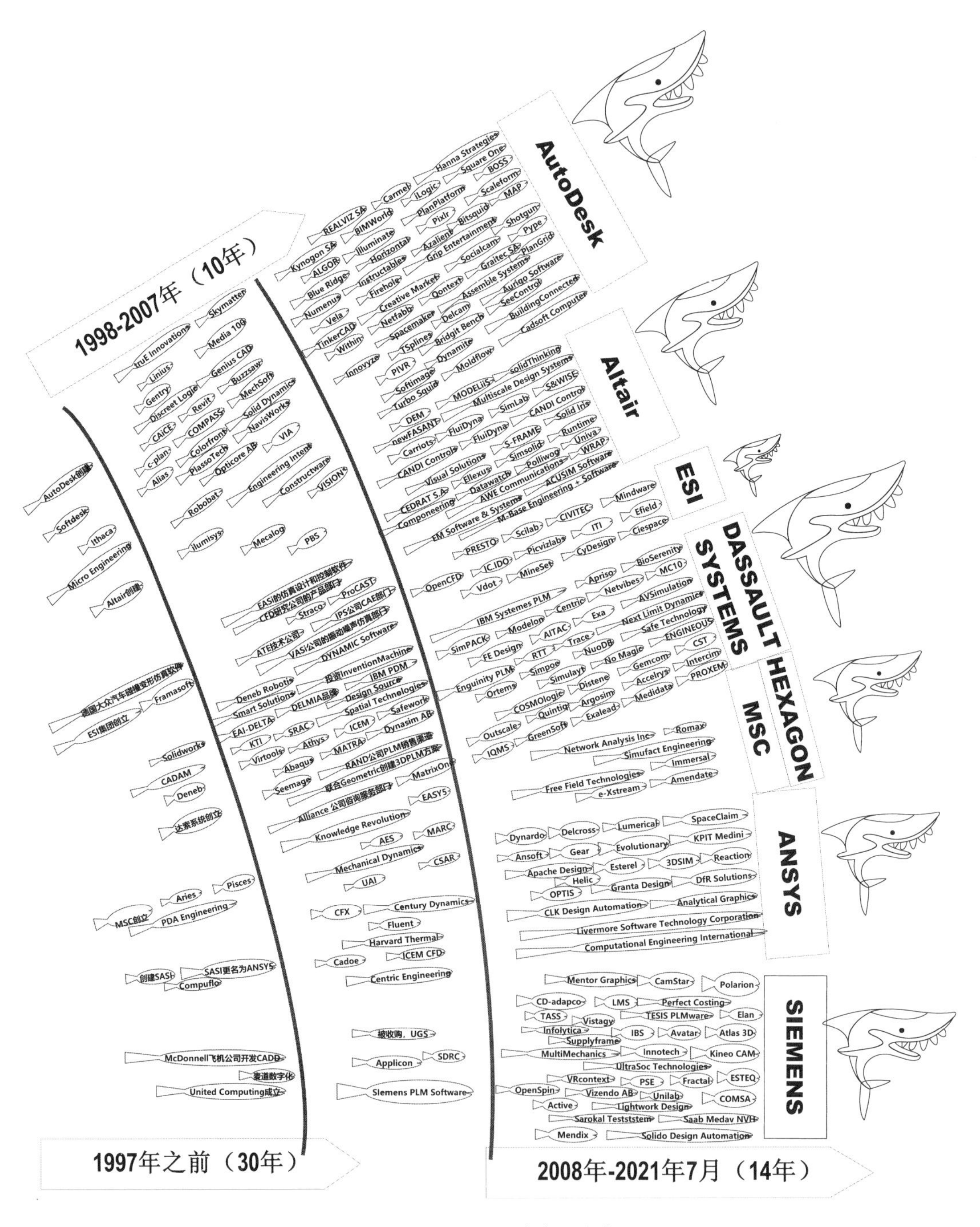

图 5-1 CAE 的并购狂欢史

掉，成为迟早的事情。意外的是，这场并购，至少延后了十年。达索系统和西门子为了竞购这块肥肉大打出手。最后，更加迫切地进行战略布局、强化汽车领域优势的，是更财大气粗的西门子公司。2016 年，西门子以近 10 亿美元购买了西递安科（CD-adapco），它正是拥有 STAR-CD 软件的公司。

如果说有什么失算，那就是 ANSYS 错过了多体动力学软件 Adams。这款软件的空窗期不会等太久，前面提到，Adams 最后被 MSC 吃下。

到了 2008 年，ANSYS 进入一个全新领域——EDA 软件，收购了 Ansoft 公司。这意味着仿真软件巨头，进入了芯片设计软件领域。此次收购总价约 8 亿多美元，使得 EDA 技术领域的独立软件商只剩下三个巨头——其中一个在 2016 年年底被西门子公司以 37 亿美元并购。

ANSYS 公司 2014 年收购 SpaceClaim 公司，彻底解决了 ANSYS 软件在几何造型方面的短板问题，收购价格也只有 8 500 万美元。在 2015 年之前，ANSYS 软件的前处理的界面并不友好，并购后则一跃成为最好用的前处理软件之一。其实，SpaceClaim 公司跟 ANSYS 公司早有合作，SpaceClaim 在被并购前就为 ANSYS 开发了 3D 建模的前端应用。这次并购，更像是合法化成全一桩早已存在的结合。

未来制造会是怎么样，我们并不能完全确定。但能确认的是，各种制造分支无论是在萌芽还是在闪闪发光的时候，软件都会相伴其中。例如，知道增材制造是未来制造闪亮的明珠，那么 ANSYS 在 2017 年收购增材制造仿真技术软件公司 3DSIM，就一点也不令人感到奇怪了。同样，用于人类视觉和物理可视化科学的光学仿真软件，也会是仿真巨头的收购对象。

5.2.4　闻声赶来的工业大白鲨

独占美国国家航空航天局 Nastran 源代码的 MSC 得意洋洋，MSC Nastran 软件价格不断上涨，而其功能和服务却没有得到相应的提升，从而引发大量客户的抱怨，为此美国国家航空航天局向美国联邦贸易委员会提出了申诉。

MSC 打输了官司。

美国联邦贸易委员会判“MSC 垄断 Nastran”，Nastran 源代码须公开。

美国 UGS 公司，通过获得这种源代码而加入 Nastran 的商业化市场的队伍中。而后，UGS 根据 MSC 所提供的源代码、测试案例、开发工具和其他技术资源开发出了 NX Nastran。至此，源于美国国家航空航天局的 Nastran 一分为二，齐头并进，为用户带来了更多的新技术与服务。

UGS 的命运似乎也不在自己手中，被卖来卖去。后来的一个东家在 2001 年时并购了 SDRC 公司，这个东家将其与 UGS 合并重组。SDRC 公司的有限元分析程序演变成了 UGS 的 NX Simulation，与 NX Nastran 一起成为 UG 软件家族中仿真分析的重要组成部分。直到 2006 年，西门子公司以 35 亿美元收购了 UGS 公司。

拥有了 UG 软件的西门子，同时在 CAD 软件和 CAE 软件领域都有了建树。尽管 UG 在高端 CAD 软件三分天下有其一，但在 CAE 软件领域仍显不足。对于大型工业公司西门子而言，仿真方面还有很多需要补缺的地方。

于是，另外一条小鲨鱼——来自比利时的仿真技术公司 LMS——引起了西门子公司的注意。LMS 成立于 1979 年，主要提供虚拟仿真软件、试验系统和工程咨询服务等独特的组合方案。2007 年，LMS 公司成功收购了法国 Imagine 公司，扩展了公司的功能品质仿真以及物理样机测试业务。后来通过一系列并购，LMS 覆盖了工程咨询、虚拟仿真软件和试验系统。2013 年，西门子以 6.8 亿欧元吞掉了 LMS。

再后来的并购就是轻车熟路了。2016 年，西门子再次出手，以 9.8 亿美元购买了计算流体力学仿真领域的领先企业 CD-adapco。另外一个大手笔，是西门子以 45 亿美元收购了作为 EDA 软件三大巨头之一的 Mentor，大举进入电子设计自动化软件领域。

这样的故事其实没办法讲完，因为并购一直在继续。2017 年西门子收购了荷兰的 TASS 软件，拓展到面向汽车领域，抢占自动驾驶和安全方面的仿真高地。

5.2.5 后发制人

法国软件巨头达索系统，在 CAE 软件领域应该算是大器晚成。早期，它似乎一直致力于 CAD 软件的发展。在仿真软件的市场，达索系统看上去像是一个迟到者。

迟到者下定了赶路的决心，而捷径，莫过于并购。

MARC 公司创始人中的一个博士生，在 1978 年自己建立公司，推出了 Abaqus 软件。该软件是能够引导研究人员增加用户单元和材料模型的早期有限元程序之一，因此在应用多物理场仿真分析的行业中影响巨大。2005 年，达索系统收购 Abaqus 软件，正式开启了达索系统的仿真技术并购之路。

2006 年，达索系统收购了瑞典的工程仿真环境开发商 Dynasim AB，后者创始人是知名建模语言 Modelica 的开山鼻祖。2008 年，达索系统收购了 Engineous 公司，获得了集成设计和多学科优化软件 Isight，大幅增强了在仿真生命周期（SLM）软件领域对数据、过程、工具和知识产权集成优化的能力。

随后的日子，达索系统每年都会发现全新的猎物，而且必定拿下。包括塑料注塑仿真软件 Simpoe、多体仿真软件 SimPACK、高度动态流体场仿真软件 Next Limit Dynamics 等。达索系统还收购了在汽车建模仿真领域提供模型库的 Modelon 德国合资公司，从而开启了面向物联网的布局。

2017 年 9 月，达索系统再次出手，并购产品工程仿真软件 Exa。在整个设计流程中，Exa 被用来评估高动态流体流动，包括仿真气动流、空气声学和热管理。汽车与交通运输、航空航天与国防等行业的公司都在运用此软件，如宝马、特斯拉、丰田、美国国家航空航天局、巴西航空工业公司（Embraer）等。达索系统用 4 亿美元现金，收购了 Exa 这家位于美国马萨诸塞州的仿真技术公司。更重要的是，它整合了熟悉格子波尔兹曼方法（Lattice Boltzmann Method，简称 LBM）流体仿真技术的近 350 名专业人士。

十多年的功夫，凭着有成效的并购，达索系统从 CAD 软件技术领域完全扩展到了仿真技术领域。

5.2.6　嗜血家族

仿真软件公司的发展史，就是并购清单一次一次地被刷新的历史。国际仿真软件巨头无一例外。

CAE技术公司澳汰尔(Altair)是由三个工程师在1985年成立的。能如此长久地保持独立仿真软件商的地位,澳汰尔公司自有过人之处。从2006年的首次并购中尝到甜头之后,在过去的十几年中,它不紧不慢地,基本平均是每年完成一次并购,由此从一开始单一结构的CAE软件玩家,发展到今天既有流体,又有电磁仿真的更全面的CAE技术供应商。另外值得一提的是,澳汰尔公司正在试图改变游戏规则。其首创的记点数(Token License)销售已经改变了以前传统CAD技术按照模块计费的方法。现在,澳汰尔又推出合作伙伴计划,希望CAE技术小玩家能够搭载澳汰尔顺风车走向全球,并保持相对的独立性。这颇有些“合纵连横”的味道。

再以法国仿真技术巨头ESI为例。ESI公司最初是为欧洲的防务、航空航天和核工业部门提供工程咨询服务,开发了基于有限元法的精密仿真技术,并获得了对工业流程和需求的深度理解。1985年,ESI公司和德国大众汽车旗下的团队合并,成为开发汽车碰撞变形仿真软件的第一家公司。

后来,ESI公司把美国底特律的板成形模拟专用软件Dynaform,成功地进行了商业化,命名为PAM-CRASH。现在,它已成为钣金冲压领域的明星产品。除此之外,ESI公司还拥有多个被人熟知的软件,如铸造软件ProCAST、钣金软件PAM-STAMP、焊接软件SYSWELD、振动噪声软件VA One、空气动力学软件CFD-FASTRAN、多物理场软件CFD-ACE+等。不必说,这些都是不断张开大口反复吞噬的结果。在2017年,ESI收购了开源数值计算软件Scilab的原厂商,Scilab是公认的最有可能替代MATLAB的分析计算解决方案的工程软件。

2009年,当时国内熟悉的2D设计入门级产品的拥有者——欧特克公司宣布,以3 400万美元收购了鼎鼎有名的大型通用有限元分析软件ALGOR。后者曾经紧随Windows95的上市,推出了在Windows95环境下运行的版本ALGOR95,由此一举成名。在此前和此后,欧特克一口一口地吃掉了很多CAE软件公司,也从CAD软件领域挺进到CAE软件领域。

谁都有短板。短板,是一块一块补起来的。

5.2.7　在并购中成长

计算机辅助工程(CAE)软件，是一个挑战人类工程极限的软件体系，它是人类史上工程师知识结晶浓度最大的领域。CAE软件开发的难度，是由工业多学科、多运行机理、多尺度的复杂局面造成的。没有任何一款CAE软件可以整合所有不同学科的仿真分析能力。软件大鳄的不断并购，是一条整合学科能力的快速通道。由于仿真本身是物理学近似求解的行为，随着计算能力的提升，求解能力的加强，新的仿真程序会不断涌现。所以，在这个CAE软件技术池中的小鱼会有很多，或许正在等待着被吞食。

因此，CAE软件厂商实施了频繁的并购，以扩展自家的仿真能力。尤其是在最近的十几年，CAE软件的并购已成为最为频繁的商业活动，就像是篮球赛场上的计分板，分分秒秒都在翻动。

5.3　EDA技术领域的三国杀

5.3.1　倒金字塔的尖尖角

没有任何一种工具，能够像电子设计自动化(EDA)软件那样，跟半导体行业的飞速发展如此紧密地绑定在一起。摩尔定律引领半导体行业60多年，EDA软件则是这个先知定律的最忠实的伴随者——它从来没有跟丢过。如果没有它，半导体的飞速发展，是不可想象的。

整个EDA软件的全球市场规模仅约为100亿美元，相对于5 000亿美元的半导体产业，它的产值几乎不可见。但是，如果没有了这块基石，全球所有的芯片设计公司都会立即停摆，半导体倒金字塔瞬间坍塌。

EDA软件的工作，是在芯片狭小的空间进行布局、走线和事前分析，如同在一颗米粒上刻出航空母舰模型那样。离开专业的EDA工具，半导体的设计和制造都是不可想象的事情。

电路仿真软件SPICE作为最早的、在今天仍然是最重要的软件之一，诞生于1971年。虽比摩尔定律的提出时间晚了6年，但它自诞生之日起就成为摩尔定律最忠诚的保驾护航者。

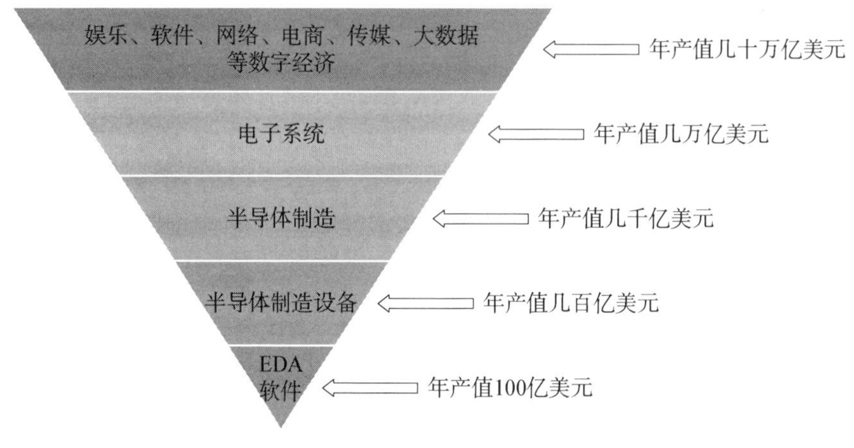

图 5－2　EDA 技术是数字经济的支点

在 2001 年的时候，半导体技术沿着摩尔定律发展的最大威胁，来自设计费用的飙升。EDA 软件的发展，成功地平复了设计成本的可能暴涨。实际上，它一直是在扮演"成本杀手"的角色。根据美国加州大学 Kahng 教授的计算分析，在 2011 年一块系统级芯片（SoC）的设计费大约是 4 000 万美元。如果没有 EDA 技术的进步，这笔费用从 2001 年到 2011 年这 10 年就会上升至 77 亿美元①。可见，EDA 软件把设计费用整整降低了大约 200 倍。

EDA 技术第一个将关于计算建模、计算思维、计算探索的概念和技术，成功应用于电子电路设计工程领域。它改变了电子工程师设计和制造集成电路的方式。今天要设计任何一个电路，都可以从可执行编程语言规定的高度抽象的计算模型开始。然后，电路设计经过一系列综合、转换和优化，再进行严格的数字模拟和原型设计，接着是正式和半正式的验证，最后通过先进的光刻和化学工艺制造出来。各环节高度专业化，界面清晰，分工明确。

此外，EDA 技术是计算机科学与工程跨领域合作的成果。计算机科学家和 EDA 工程师与电气工程师合作，获得了不同层次的电路模型；他们与

① A. B. Kahng，"DA Perspectives and Futures：An Update"，IWLS，2017。南山工业书院研究组整理。

物理学家和化学家合作，推出了制造模型；他们与理论计算机科学家合作，进行各种复杂性分析；他们与应用数学和优化专家合作，开发出伸缩性很好的模拟和综合算法；他们与应用领域专家合作，开发出知识产权（IP）库。

正因为如此，EDA 软件成为半导体行业的骄子。电子电路设计领域遇到的问题，比如说成本压力、复杂性挑战、多样性挑战，有很多是需要通过 EDA 技术来解决。与此同时，EDA 技术也在扩展其自身的应用领域，跳出电子电路的窠臼，解决诸多新兴领域的设计自动化问题。当硬件行业越来越多的讨论“后摩尔时代”的时候，EDA 软件责无旁贷地挑起了重担，不仅要延续“摩尔定律”，而且要实现“超越摩尔”的雄心。

摩尔定律成为半导体领域的铁律，使得行业预测变得简单、直白且管用，也使得整个领域的上下游，都不得不以同样的速度演化。这正是 EDA 软件面临的状况。它需要为半导体产业不断提供设计下一代芯片的方法和工具。EDA 软件不断被时间追赶，永远在赛道上飞驰。

5.3.2 错误的归属

第一代 EDA 软件附属在机械 CAD 软件供应商之下。如 Applicon、CALMA 和 CV，是当时大名鼎鼎的 CAD 软件，成为这个新兴产业的早期明星。

但在那个时候，CAD 软件也无独立的身份，需要依附在硬件厂商的门下。当时算力奇缺，存储空间奇缺，软件难成气候。

这些开创了 CAD 软件时代的早期公司现在基本上都不存在了。导致这些软件消亡的原因，是当年软件发展的一个通病：软件都是跟工作站和硬件紧密绑定在一起。定制化现象太严重，机器移植也太复杂。小型机和 PC 机的崛起宣告了它们的死亡：这是僵化和捆绑付出的时代代价。

可以说，EDA 软件在最早的时候是机械 CAD 软件的附属品，那是一个机械的时代。但 EDA 软件和 CAD 软件这两者，看似同宗同源，却差别甚大。一个服务于电子半导体行业，跟着摩尔定律走；一个服务于机械、航空、汽车、轮船等制造行业，跟着物理定律走。两者有着本质上的不同。

5.3.3 EDA 软件前传

半导体芯片设计公司与设计验证工程师最离不开的软件，当属电路仿真软件 SPICE(Simulation program with integrated circuit emphasis)。它在仿真模拟电路、混合信号电路等许多场合纵横驰骋。其实，它才是最正宗的 EDA 软件鼻祖。作为最早的电子设计自动化软件，SPICE 在今天仍然位列最重要的软件之一。

美国加州大学伯克利分校电机工程与计算机系的唐纳德·佩德森(Donald Pederson)教授，造就了三个传奇。第一个传奇是他在 20 世纪五六十年代就设法在加州大学伯克利分校里建设了半导体制造厂。MiniFab 是第一个设立在大学里的"微电子制造厂"。这让小规模的工艺实验成为可能，极大地促进了该校电子工程学科的发展。第二个传奇是他对于电路仿真程序 SPICE 的巨大贡献。在他的支持下，来自电机系与机械系几乎对电子一窍不通的大学生们，凭借着高超的数学理论和数值分析基础，生硬地通过稀疏矩阵算法实现了方程组的求解，完成了电路仿真程序。可以毫不夸张地说，SPICE 完全出自数学理论的功底。又见数学的荣耀，它是工业软件的根基。第三个传奇是，佩德森教授也是开源运动的发起人。他允许 SPICE 四处扩散，几乎可以免费使用。唯一的回报要求，就是开发者要把增加的代码发回来。这比 1991 年大名鼎鼎的开源操作系统 LINUX 内核开源，整整早了 20 年。可以说，佩德森教授不仅仅是 SPICE 之父，也是软件代码开源运动的鼻祖级人物。实际上，伯克利分校的有限元仿真软件也独步天下，而且代码也是开源的。20 世纪八九十年代，以北京大学为代表，从加州大学伯克利分校带回有限元仿真软件的火种。其中，SAP84 有限元仿真软件在国内四处传播，名噪一时。这是一个知识向全世界开放的黄金时代。

当时的半导体巨头如惠普、泰克和德州仪器等公司，纷纷建立了自己的 CAD 部门，将 SPICE 程序进行改编，为自己部门所用。整整十多年，产业界与学术界进行了大规模地知识吞吐和交换，SPICE 多个版本不断迭代演化，其功能发展迅速。1993 年，加州大学伯克利分校最后一次更新 SPICE 版本，

SPICE达到了巅峰，它的求解算法已经炉火纯青。这种大规模的商业+学术的无私合作，是制造业发展史上十分罕见的一幕。之后，SPICE逐渐出现商业化版本，但深深烫烙于这款EDA软件身上的工业印记却永远无法磨灭。

这种奇特的学术与产业的哺育与反哺现象，也间接地打造了美国EDA软件在全球的霸主地位。在全球软件领域，无论是哪种类别的软件，在美国之外基本上都有旗鼓相当的竞争对手，唯独EDA软件除外。听上去，这也像是一个悖论：加州大学伯克利分校广为开放传播软件源代码，反而造就了最成功的软件霸主。

5.3.4　走出封闭塔

SPICE只能解决小部分的问题，更多的EDA软件功能，需要更加商业化的接班人来实现。

在20世纪70年代，电子设计自动化软件开始出现第二代旗帜。当时最有名气的三驾马车中，Daisy Systems公司和Valid Logic公司出售自有的硬件和软件系统，工作站也是自己开发的；Mentor公司则开发专用软件，捆绑在阿波罗（Apollo）工作站上。

这三家基本上都是把软硬件放在一起，看上去似乎与第一代EDA软件的差别不大。然而，时代不同了，全新的赛道出现了：那就是专用集成电路（ASIC，Application Specific IC）。

当时半导体的世界，类似于“大陆漂移说”提到的中生代，五大洲是一体的。集成电路（IC）的设计队伍，都在强大的半导体公司，从头做到尾。集成电路设计是一门高门槛的技术活，它是由庞大的半导体制造商的设计部门自己完成的，如IBM、通用电气的内部设计部门（In-House）。可以想象，复杂的逻辑和物理设计、库和过程开发、封装，都由一个团队完成。这是一个封闭的金字塔，一般人难以走进。

然而，ASIC的发展，彻底改变了这种封闭的局面。集成电路的设计不再是那些大型半导体厂商的专利。ASIC仍是集成电路，但设计者的理念已经完全不同。电子设计自动化的软件商创造了一些半定制和定制方法，使得系统设计师们不需要了解通用 IC 的物理版图、加工工艺，就可以利用编程语言进行设计。

ASIC 的体量更大、需求更容易满足，系统设计者也远比那些内部设计团队更加开放，EDA 软件因此得到了迅速扩张。这大幅增加了 EDA 软件从业人员的数量，也意味着独立的 EDA 软件厂商，可以单独为半导体厂商服务。

然而，第二代 EDA 软件的缺陷跟第一代 EDA 软件没有什么两样。它依然是软件和硬件紧密地绑定在一起，硬件收入是占比最大的一块。这是一个时代的硬伤。但随着硬件的快速发展，新的模式出现了。

5.3.5 EDA 软件崛起

第三代 EDA 软件与第二代 EDA 软件的区别，并不在于出现时间。它们其实几乎是在同一时间形成的。可以说，这两代之间并不存在一个进化关系，它们基于对未来的判断并行发展。第三代 EDA 软件主要以 Cadence 公司和 Synopsys 公司的产品为代表。这两家公司的名称都改了几次，背后充满着曲折的故事。当前，这两个公司是世界上数一数二的 EDA 软件商。

Cadence 公司是在 1982 年成立的，仅仅比第二代三驾马车之一的 Mentor 公司的成立晚一年。来自加州大学伯克利分校的尖子生和贝尔实验室的科学家，在 Cadence 开创了一种全新的商业模式，那就是“只卖软件”(Software-Only)。这是一种从未有过的软件业务模式。此前所有软件，都是捆绑在硬件设备上搭配销售。那是一个硬件为王的时代。硬件的存储、计算、显示都是极其昂贵的稀缺资源，软件不过是珍贵花瓶上有颜色的花纹而已——尽管这些花纹让硬件显得更加物有所值。

现在看起来，第二代 EDA 软件独立公司中存在时间最长的 Mentor，在 2016 年被西门子公司 45 亿美元收购是有前兆的。1990 年的时候，Mentor 公司对“只卖软件”模式依然不屑一顾。时任公司董事长说，从未见过单独软件销售能够存活。虽然它后来通过并购，积极调整战略，保持了 EDA 软件公司三强之一的地位。但与第三代 EDA 软件两大巨头的差距仍越来越大，最后成了西门子的盘中餐，丧失了独立地位。或许，这就是第二代 EDA 软件公司 Mentor 的宿命，早在它三十五年前出生之时就已经注定。

Cadence 公司引入投资的独特模式，同样引人注目。它把入股机会留给了下游厂商，类似通用电气、爱立信、IBM 等半导体生产商，这些下游用户各自投入了 100 万美元。这是一种高明的融资术。Cadence 公司聪明地让下游半导体设计制造商，与自己捆绑在一起。没有半导体厂商提供工艺、提供反馈，EDA 软件的长大是不可能的。这次投资的分布，也明显地表明了 EDA 软件的工业属性而非 IT 属性。"工业反哺胜于投资"是研发工具软件的一个重要特点，这不是靠钱能砸出来的，它需要的是工业用户的经验。

Cadence 公司还开创了合伙人制度，宣示了这个领域对领军人物知识价值的高度认可。Cadence 公司的创建，本质上是基础科学的胜利，也是一个基础研究与产业热情相互对接的胜利。加州大学伯克利分校的尖子生和贝尔实验室的科学家一起，成就了一个非凡的产业：规模虽小，但威力超群。

四年之后成立的 Synopsys 公司，延续了 Cadence 公司所有的创新机制。实际上，这种合伙人制度已经成为半导体行业的一种惯例。

早期电路板的物理设计人员干的是一门精密的工匠活，需要动手处理每一个晶体管，绝对属于高强度的劳动密集型，并且需要头脑灵活。随着晶体管集成度的提高，其复杂程度已经大幅超越了工程师的逻辑极限。这个时候，单元库出现了，它包含了预先设计好的各种特性的逻辑门。就像现在的数据模板调用一样，设计人员能花更少的时间和精力设计出更大规模的电路。单元库拥有很多优势，使得电路设计工作很容易从一家晶圆工厂移植到另外一家。最重要的是，半导体的设计思路转向了抽象化，即在一个更高的层次上进行设计，而把那些底层的细节设计都归并到单元库和 CAE 软件工具中。

Synopsys 公司的团队在这个时候登场了，团队成员来自通用电气的微电子中心。创始人的出身，往往是一个工业软件 DNA 的决定性基因片断。通用电气的工业背景，给 Synopsys 公司带来了扎实的根基。事实上，1986 年创办的 Synopsys 公司，主要就是利用了在通用电气兴起的综合技术。以前的芯片设计都是工程师从底层的电路板设计开始。有了抽象化的技术之后，设计师可以直接采用高级语言"设计电路板"，然后通过逻辑综合工具把抽象的设计，自动转化成机器语言，形成由各种逻辑门组成的电路组合。

Synopsys公司能在起步的时候就引领了行业的技术优势，很大原因在于它推进了抽象化的发展，使得整个行业的设计前进了一大步。抽象化成为产业界的标准，也进一步扩展了芯片设计群体。就像系统设计工具扩展了专用集成电路设计师群体那样，抽象语言使得大量的工程师能够参与进来，形成了一个蔚为壮观的工程师社群。同样的现象，后来也发生在达索系统的3D Experience软件上。它壮大了社群队伍，使得群体力量可以更好地协同和汇聚。

此外，知识产权（IP）的发展，再次推进了EDA软件的发展。这是硅基系统设计方面的一个里程碑。英国ARM公司的登场，带来一个全新的商业模式：将各种设计库虚拟化，然后授权给其他企业使用。这意味着，作为处理器的交付物，不再是具体的物理产品，而是以一种数字化存在的IP模块形式而存在。ARM公司的这种思想对整个半导体行业产生了重大的影响。物理实体变成了软件定义，处理器就是IP模块。Synopsys公司很快就注意到了这种模式的价值，它迅速进入这块阵地，使得IP模块收入成为其整个收入的重要一块，当前它的近1/3的产值来自于此，而且这块业务发展势头强劲。

IP模块的高速发展，极大地扩展了EDA软件的灵活性。这是一个极简主义和知识复用的胜利。

5.3.6 三分天下的格局

EDA软件有着极其庞杂的分类。根据美国专门从事EDA咨询的公司GSEDA（2018年已经出售给另外一家咨询公司）统计，EDA软件一共涉及90多种不同的技术。在这个领域，密密麻麻地分布着420家公司。而按照美国《半导体工程》杂志的列举清单，EDA软件领域一共有900多家小公司。

这么多小公司是如何存活的？

工具软件的发展史，是一部鲨鱼吞吃的并购史。机械类 CAD 软件如此，仿真 CAE 软件如此，EDA 软件也是如此。这是一个非常奇怪的市场，小鱼的存在，似乎就是用来喂养大鱼的。在美国工业软件的池子里，前赴后继，小鱼、小虾永远都层出不穷。

这是国外工业软件发展给中国工业软件界教授的最陌生的一课。并购这种场景在中国工业软件市场上并不常见。在 Cadence 公司数不清的并购中，1989 年收购 Verilog 软件是其最为重要的一次并购。Verilog 作为一种模拟器，是用来描述芯片并对其进行模拟和验证的工具，它成功地解决了复杂度带来的芯片性验证困难。EDA 技术一下子同时实现了软件模拟和硬件仿真。这也意味着设计与仿真，可由同一家公司的不同套软件来完成，二者密不可分。这个趋势比机械领域的 CAD 技术和 CAE 技术的融合，整整要早三十多年。直到最近几年，在非电子制造的领域，CAD 技术和 CAE 技术的融合才成为明显的技术主流。这也再次说明，EDA 软件的发展，其实是完全独立于机械 CAD 软件发展的。

2001 年前后，正是 Cadence 公司与其离职的前员工所成立的公司精疲力竭地打官司的时期。就在这个时候，坐山观虎斗的 Synopsys 公司，出其不意地收购了这家与 Cadence 公司打官司的公司，获得了面向工具开发者的前端工具。这大幅丰富了 Synopsys 公司的产品线。

说清这些 EDA 公司或软件并购的历史，需要一篇冗长的文字。简单地说，在美国 EDA 公司的并购历史中，仅仅由排名前三的巨头企业直接参与的并购，就达到了惊人的 200 次，每家企业的并购数量平均达到 70 次。如果考虑许多被并购公司在此之前也是在大鱼吃小鱼，那么前三巨头每家所涉的总并购次数估计在 300 次左右。

EDA 软件公司的并购历史，与 CAD/CAE 软件公司的并购史有些不一样。后者主要集中在最近十多年；EDA 软件则从 1990 年开始，每十年所发生的并购都分布均匀。这说明，EDA 软件产业，早已成为一个非常成熟的产业，从来就没出现黑马挑战者。唯一令人吃惊的大事件，应该算是 Mentor 公司在 2016 年成为西门子公司的猎物被吞并。

有意思的是，如果细看过去，许多小公司的存活期只有短短几年，并购

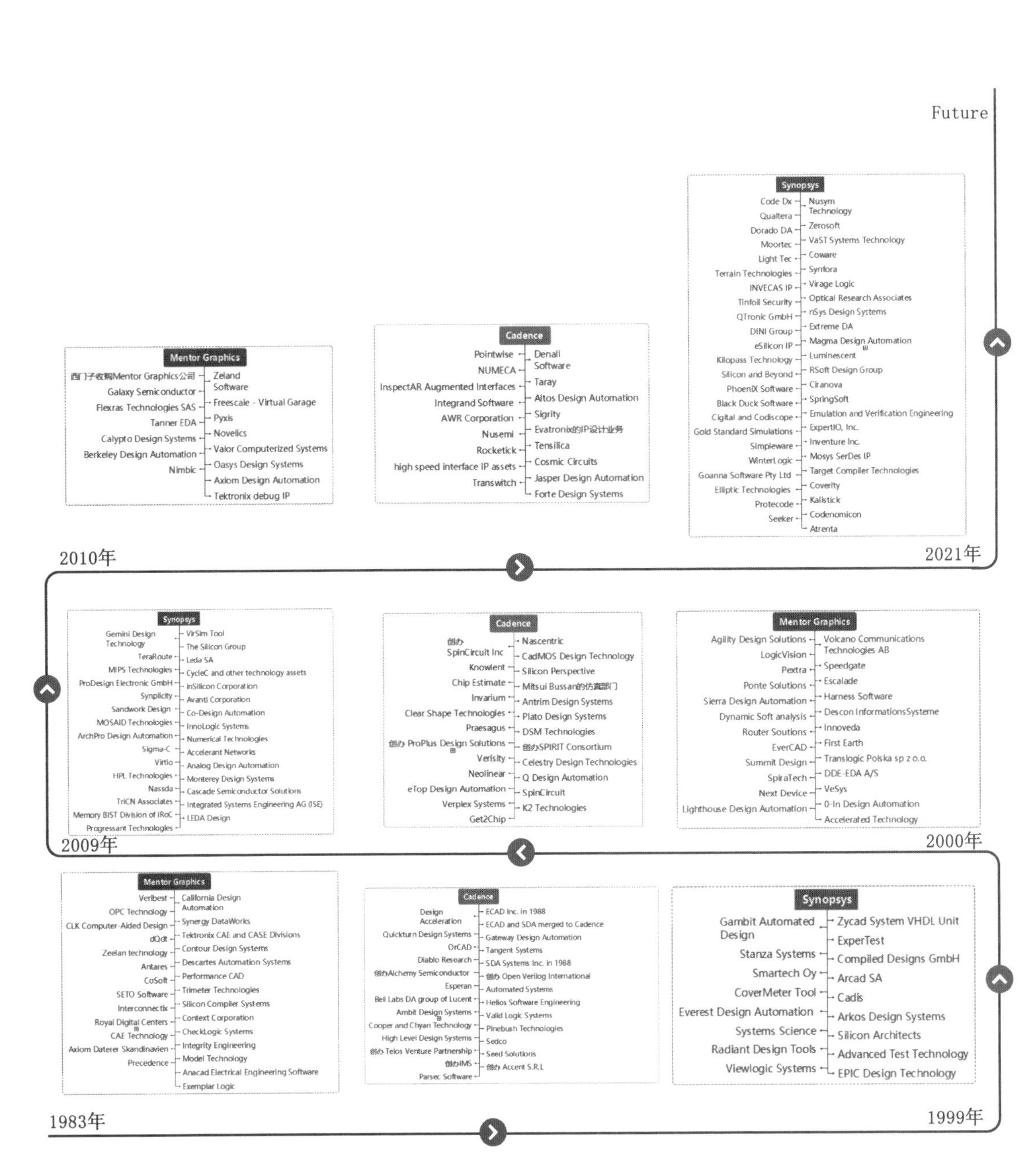

图 5-3　三家 EDA 技术巨头的并购史

金额经常是几百万美元。EDA 软件行业的并购频率可能是很多其他行业无法企及的，这也反映了工业软件有着极其特殊的产业规律。

靠着强力的知识吞吐，工业软件以其“百溪成河、百河入川”的汇聚方式，形成了深不可测的知识鸿沟——追赶者很容易被远远甩在后面。正是这些叠罗汉式的并购，促进了无数电子工程师的思想碰撞和专业技术的沉淀，最终将人类的智慧汇聚成高耸入云的工程学尖塔——尖塔之外，很难有取巧速升的建筑。

三十年前的第三代 EDA 软件的主要玩家，基本确立了江湖的秩序，以至于后来再无挑战者。自那以后，所有的初创公司都再也没有了资本加持的发展空间，2002 年以后更是没有一家企业能够上市。它们唯一的命运，就是被三家头部企业吞并收购。三代江湖，五十年历史，造就了 EDA 软件坚不可摧的三分天下的分治格局。

然而，过于成熟的事物背后都会是隐忧。EDA 软件近十多年的发展，看上去更像是在深扎营寨，并未见到明显的开疆拓土，整个产业的产值在 100 亿美元左右徘徊不前。

第六章

中国工具软件发展之路

6.1 失落的三十年

6.1.1 艰难的起步

20世纪80年代初,伴随着昂贵的IBM大型机、VAX小型机、阿波罗(Apollo)工作站的引入,图形和设计CAD软件也进入中国科研工作者的视野。最早有实力引进这些昂贵计算机硬件的研究所和高校,由此开始了模仿和开发工业软件的征程。这个时期所开发的工业软件,大部分都是以二维CAD绘图软件为主。

当时中国政府相关部门早期重点支持的也是二维CAD软件,后来进一步被总结成简单实用的"两甩"工程,即甩图板、甩账本。这对于二维CAD软件的普及取得了一些成效,先后出现了高华、数码大方、开目、浙大大天、山大华天等公司的一批软件产品。即使在开发难度比较大的三维CAD软件领域,也出现了北京航空航天大学的PANDA CAD系统(后称金银花系统软件)等软件。从"七五"到"十五"(1986—2005)期间,国家对于国产自主工业软件一直是有扶持的。当时主要的扶持渠道是电子部、机械部的"CAD攻关项目"和国家科委(后来的科技部)的"863/CIMS、制造业信息化工程"。随着电子部、机械部的机构改革,对CAD技术的支持工作渐渐由科技部接管。

20世纪70—80年代,以北京航空航天大学、清华大学为代表的一批高校和科研人员开始进行相关的软件开发。北京航空航天大学的唐荣锡先生等,成为国内第一代从事CAD软件开发的标志性人物。随着CAD/CAE软件在制造业的推广普及,清华大学、浙江大学、华中科技大学、大连理工大学等一批高校和中国科学院、中国航空研究院等一批科研院所先后开展了CAD/CAE软件自主研发,并取得了一些研究成果。CAE软件领域出现了一个百花齐放的小阳春,涌现出中国科学院的飞箭、郑州机械所的紫瑞、大连理工大学的JIFEX、中航发展研究中心的APOLANS、中国航空研究院的HAJIF等商业化和大企业自用软件。

在“十五”和“十一五”期间,科技部对研发设计软件的重点支持,转到了三维CAD软件。在“十二五”期间,中国的信息化走上两化融合的道路,研发设计软件的工作转由工业和信息化部负责,“863项目”被合并到国家重点科技研发计划中,科技部也不再分管信息化工作。由于工业和信息化部并不对属于基础科研的工业软件研发进行补助,国家对三维CAD软件研发的资金投入变得越来越少。

随着两化融合的试点示范和两化贯标等深入,通过企业应用拉动制造业信息化的建设得到普及,也培养出一批人才。但一个间接的后果是,国家补贴的大量两化融合资金,往往都被用于购买国外的工业软件。

可以说,从20世纪90年代到21世纪的第一个10年,中国的CAD软件和CAE软件发展也是自成一派。之后随着两化融合的大举投入,国外工业软件兴旺发达,而中国自主软件的发展则步履维艰。

虽然设计研发数字化技术主流的发展转向三维CAD/CAE一体化,但对三维CAD/CAE软件的研发资金投入强度一直非常低。在“十五”“十一五”期间,对三维CAD软件研发的总投入是4 000万—5 000万元的规模,CAE软件则主要通过国家自然基金委的一些项目,每年大约有1 000万元的投资。再加上“十二五”搞两化融合的一些间接性的促进,这三个五年规划之中,国内对三维CAD/CAE软件等核心工业软件研发的投资强度并不大。

国内投入的这些资金与国外软件厂商的投入相比,可以说是杯水车薪。

全球最大的 CAE 仿真软件公司 Ansys，2016 年在研发方面的投入为 3.5 亿美元，大约为 20 亿人民币。

从产业发展的角度来看，中国工业软件的发展，似乎是陷入了"失去的三十年"。

6.1.2 一份"未曾送达"的报告

美国几乎每年都有新报告提醒高层领导，不能忘记"建模与仿真"的技术，这些报告得到了美国政府的普遍重视。美国的国家战略一直把"数字化建模和仿真"作为核心战略。几十年来，美国社会各界从未停止过呼吁，美国政府也从来没有停止过行动。美国在 1995 年提出的加速数字化建模和仿真创新战略，2005 年在时任总统报告中提出的重视计算科学，2009 年提出的依靠建模和仿真，2010 年提出的加强高性能计算与建模和仿真，以及现在进行的先进制造伙伴计划，都是围绕着工具模块化和开放式平台的发展。2014 年美国总统科技委员会根据对国家的影响等指标确定了 11 个关键领域，其中的可视化、信息化和数字制造，都是围绕着数字化建模和仿真展开的。最新的与智能制造最相关的美国制造业创新网络（NNMI）的两个创新中心，一个是数字化的设计与制造，一个是清洁能源的智能制造，基本上都是围绕着数字化建模和仿真这些核心技术。

与美国比较而言，核心自主工业软件同时期在中国得到的重视显得有些不足。根据《自主 CAE 的涅槃》一书的介绍，借鉴美国总统科技顾问委员会给总统办的报告，中国科学院在 2006 年曾经上呈过一份报告。紧接着，科技部召开了一次香山会议，会后报告也往上呈交。2010 年发改委在制订"十二五"规划的时候，曾讨论 CAE 软件的发展。此后，还有人大代表的多次提案呼吁，但发展自主工业软件一直没有被列入国家日程。

发展自主 CAD/CAE 软件的报告，可以看成是"一份未曾送达的报告"。

6.1.3 打破寂静

伴随着数字化、网络化和智能化的深入发展，中国正在向智能制造迅速转型。在工业互联网、人工智能、工业大数据的底层，最内核的部分都是工业软件。

工业软件的本质，其实是一类高度复杂精密的工业品。它从来都不是 IT 的产物，而是工业化长期积累的工业知识与诀窍的结晶，是工业化进程的不可缺少的伴生物。如果简单地认为工业软件具有的更多是 IT 软件属性，可以跟其他管理软件、互联网混为一谈，则是一个非常大的认识误区。而且，这个误判对制造业的发展会造成致命的误伤。

当前，每一件复杂的工业品，背后都能见到工业软件的驱动；每一台新的装备，离开了工业软件都不能运行。这是工业软件的匿名霸权。

值得庆幸的是，自 2020 年开始工业软件在中国得到了前所未有的重视。在“十四五”规划之中，工业软件也成为重点突破的项目。“工业软件之春”已经来临，多年被束之高阁的报告终于被摆在了桌面上。更重要的是，作为用户企业，也开始更多地思考工业软件的价值。这意味着，工业软件迎来了满园春色的大好局面，这正是中国制造继续向中高端攀登的典型缩影。

6.2　中国的 CAD 软件之路

2019 年 5 月华为公司发生“备胎危机”，仿佛有一道闪电划破了黑暗的长空，那些隐藏的卡脖子技术在亮光之中露出了牙齿。备胎危机空前地普及了人们对于“工业暗器”的认识：它不动声色地潜伏在工业领域，体量很小，却为工业创造了巨额财富。人们离不开它，却看不到它。它虽是最不起眼、最中性的工具，在极端的情况下却会成为致命的政治武器。在中国已经发展了近半个世纪的计算机辅助设计（CAD）软件，会同其兄弟软件如计算机辅助工程（CAE）软件、电子设计自动化（EDA）软件等，都可能成为这样一种“工业暗器”。

对于一个独立自主的经济体而言，CAD 软件产业具有重大的战略意义，作用于技术创新的源头，关系到整个国家的设计能力。1989 年美国工程科学院评出近 25 年来全球 7 项最杰出的工程技术成就，其中第 4 项是 CAD/CAM 技术。1991 年 3 月，美国政府发表跨世纪的国家关键技术发展战略，列举了6大技术领域中的22项关键项目，而CAD/CAM技术与其中的2大领域11个关键项紧密相关。

根据公开的财务报告，西门子和达索系统的年收入都在40亿美元左右。而中国的CAD软件厂商，年收入基本是在2 000万元到2亿元人民币之间徘徊。四十多年以来，自主CAD软件产业从紧随国际，到热火朝天，再到艰难生存，保留火种至今。虽然艰难，但国产软件找到了利基市场，并顽强地生存下来。

6.2.1 “工程师主义”的锋芒

遥想当年，中国的科学家和工程师们也曾跟紧了发达国家的发展脚步。1963年，美国麻省理工学院萨瑟兰博士的“人机对话系统”，开创了图形界面的全新篇章，它可以在10—15分钟完成通常要花几周时间的工作，震动了整个工程界。影响深远的计算机辅助设计（CAD）技术因此而诞生。随后发展的许多技术都是从大学里面走出来，这是大学送给工程界的最好礼物。

几乎在同步，中国的科学家和工程界迅速作出反应，从60年代中期开始研究CAD/CAM技术在航空、造船工程中的应用。70年代中期以后，诸多院校和科研院所在CAD/CAM技术研究方面做了大量的工作，推动了CAX技术的迅速发展。

1975年，西安交通大学研制了751型光笔图形显示器，三年内后751系统配齐了基本软件。在751系统的基础上，西北工业大学、上海交通大学等开展了中国最早的CAX应用尝试，包括在飞机框肋装配夹具设计、曲面外形设计，以及加工、组合机床设计等方面的应用①。

那是一个花开满园的美好年代。1980年，全国高等学校CAD研究会在北京工业学院成立，当时上海交通大学、华中科技大学（当时的华中工学院）、大连理工大学（当时的大连工学院）等诸多院校在CAD研究方面已经都做了大量工作。

1984年，北京航空航天大学（彼时的北京航空学院）的唐荣锡教授带队

---

① 朱望规：《用光笔软件系统进行计算机辅助设计》，《西安交通大学学报》1980年第2期。

研制出了中国第一个多面体实体造型原型系统 PANDA。更令人佩服的是，唐荣锡教授随即向国内研究所和学校公开技术，低价或无偿提供源程序[①]。PANDA 系统就这样走向业界，引领了中国早期 CAD 软件的开发与普及。唐荣锡教授的研发团队紧跟国际趋势，随后又开发出基于线框和 NURBS 曲面的几何造型、数控加工原型系统 PANDA4。

美、法两国 CAD 软件的发展，与航空制造的渊源很深。中国的航空制造在推动 CAD 软件的发展中，同样起到了引领的作用。1986 年，航空工业部的 7760 计算机辅助飞机设计、制造及管理系统，也就是 7760 CAD/CAM 系统，被誉为当年十大科技成果之首。这个项目是由来自 27 个不同科研院所和工厂的百余名教授、专家联合攻关而成。7760 软件系统经历了空客 320 货舱门的设计实战，并在“飞豹”飞机研制过程中得到了应用。

20 世纪 80 年代中期，研究者的统计发现，各院校和研究机构已经开发出 2 000 多套 CAD 系统[②]。

那是一个可圈可点的十年，业界涌现出无穷的活力。上海船舶工艺研究所的 HCS 系统正式通过鉴定，成为中国第一个造船集成生产系统；南京航空学院的专家开发了适用于复杂外形产品设计与制造的 B－SURF(3D－CAD)系统，从而跨入三维的门槛，可以建立两种型号无人机的全机数模，在 IBM4341 的图形终端上呈现了全机及各部件的各种透视图、切面图等。[③]

1992 年，超大规模集成电路计算机辅助设计(IC－CAD)熊猫系统在北京通过国家鉴定。北京集成电路设计中心等 16 个单位的 200 多个开发者，历时四年共同攻克了这个难关。该系统拥有 28 个工具，覆盖了全定制集成电路正向设计的全部功能，以国产华胜工作站为硬件平台，采用 UNIX 系统和标准 C 语言编程，代码条数达到 182 万。[④]

---

① https://baike.baidu.com/item/%E5%94%90%E8%8D%A3%E9%94%A1/5540998.

② 唐汝英、言行、唐春华：《国内外 CAD/CAM 应用与发展概况》，《计算机技术与自动化》1985 年第 3 期。

③ 周儒荣、闫新民、姚文季、王略：《B－SURF 三维 CAD 系统及其在无人机研制中的应用》《南京航空航天大学学报》1986 年第 2 期。

④《我国已经研制成功超大规模集成电路计算机辅助设计的 IC－CAD 熊猫系统》，《成都气象学院学报》1992 年第 1 期。

彼时 CAD 软件的发展，呈现出“工程师主义”的锋芒。整个行业的发展都是由带有工程师气质的科学家直接推动的。这是一段科学家和工程界相互结合的历史。它的攻关方式：联合、协同、系统，尤其令人印象深刻。正是这些初出茅庐的技术探索，为之后举国推进的“CAD 应用基础”提供了薪火。

6.2.2 “甩图板”时代

这段时期国家给予的支持充分积极，大幅促进了 CAD 技术行业的发展。

1983 年国家科委等 8 部委在南通召开首届 CAD 应用工作会，在会上出现了培育发展具有自主版权 CAD 技术的呼声。此外，“863 计划”中也提到了进一步深入研究 CAD 技术的可实施计划。这期间，机械工业部投入 8 200 万元，组织开发了 4 套 CAD 通用支撑软件和 24 种重点产品的 CAD 应用系统。

对中国工业具有高度软件启蒙意义的“甩图板”时代来临了。“八五”期间(1991—1995 年)，国家科委等 8 个部委联合向国务院上报了《大力协同开展 CAD 应用工程》报告。经国务院办公厅批复，全国启动了“CAD 应用工程”。时任国家科委主任提出了“甩掉绘图板”的号召，在全国范围内掀起普及推广 CAD 技术及应用的浪潮。“八五”期间累计投入 CAD 技术的资金近 8 亿元，国产 CAD 软件产值近 1 亿元。产生间接经济效益超过 100 亿元，培训 CAD 应用人才达 25 万人。[①]

应该说，虽然只是小小的产值，但产生的杠杆效应却放大了 100 倍，充分彰显了这个行业的威力。

“CAD 应用工程”被列为“九五计划”的重中之重项目。机械工业是 CAD 应用工程首个试点示范行业。机械工业部 1995 年秋启动了为期一年的“CAD 应用 1215 工程”，选择有一定技术基础的北人集团、北京起重机器厂、安徽叉车厂等 112 家企业作为首批“甩图板”试点，要求在短期内实现在

① 徐冠华：《把 CAD 应用工程发展推向新阶段》，《中国科技产业》1997 年第 1 期。

主导产品设计上甩掉绘图板。该工程于1995年9月启动，累计投放资金2 000万元，引进各种CAD软件359套。[①]

随后，又启动了“CAD应用1550工程”。1997年被机械工业部定义为“CAD应用发展年”，以实施“1550工程”为核心任务。“1550工程”的主要任务有三项：一是建立1个机械工业CAD咨询服务网络体系；二是完成5个应用软件的开发和产业化；三是培育50家CAD应用示范企业，扶持500家CAD应用成功企业，带动5 000家企业的CAD应用。[②]

与此同时，CAD应用工程也在交通系统和勘察建设系统展开。建设部印发了《全国工程勘察设计行业“九五”期间CAD技术发展规划纲要》，许多地方甚至是副省长级别的领导在主抓这项工作。[③]

这个时期，国家十分重视CAD技术产业的发展。1998年国家部委撤并重组，即使机械工业部被撤销，新成立的电子信息产业部依然将CAD软件列在八大重点支持的软件产业之首。

6.2.3　百花齐放

在一个积极进取的时代，怎会缺乏跃跃欲试的自主雄心？

“国产CAD系统国内市场占有率在2000年达到40%左右的目标”很快就被提出，“保护民族的智力密集产业”成为一个响亮的口号。

1996年，国产CAD软件产业联盟在上海CAD技术展示会上以整体形象第一次展现在国人眼前，提出“国产软件是我们的旗帜，民族产业是我们的目标”。创始会员有中国科学院凯斯、清华高华、大凯、武汉开目、深圳乔纳森等五家公司，后来扩展到十几家，包括杰必克、正直、东大阿尔派、同创、大天、华软、华恒等。[④] 在第二年，该联盟与国家科委“全国CAD应用工程

---

① 李尔斌：《机械工业“CAD应用1215工程”成绩喜人》，《计算机辅助设计与制造》1996年第12期。

② 潘顺群：《机械工业实施“CAD应用工程1550工程”取得可喜进展》，《机械工业发展战略与科技管理》1997年第6期。

③《让科技优势转化为现实生产力——CAD应用工程在陕西》，《计算机辅助设计与制造》1999年第8期。

④ 国佑：《CAD联盟，你走好》，《上海微型计算机》1998年第25期。

协调指导小组办公室”联合推出了“97 国产 CAD 金秋行动”，实施范围包括全国 CAD 应用工程首批示范的 300 家企业以及地区示范企业。科委对联盟成员公司的产品提供 5%的价格补贴，用户企业有关 CAD 应用的科技开发贷款可申请优先级，并酌情考虑给予贴息。[①]。

然而，CAD 软件产业之花遍地开放，却缺少了集中度。根据不完全统计，20 世纪最后一个十年，全国从事 CAD 技术研究与开发的机构已达到 300 余家。这些机构大致可以分为两个阵营。一类是自主平台的二维 CAD 系统，一类是基于当时最流行的二维软件 AutoCAD 之上的二次开发。但细看过去，一个最大的特点是，整个 CAD 软件产业的发源地基本都是大学，这为后续 CAD 软件产业的可持续发展，带来了一抹意味深长的阴影。

从“七五”(1986 年)开始，“八五”、“九五”规划一路走来，中国的 CAD 软件产业技术水平步步高升。根据 1997 年国家科委的报告描述[②]，“八五”期间，高华公司的 GH-CAD 软件的总装机量，在 1 年内就达到 5 000 多套。中国科学院凯斯软件(CASS)的 PICAD 支撑软件平台，经评测二维功能可与国外先进的二维 CAD 软件相抗衡。之后，CASS 与二次开发单位联手合作，该软件装机量达 8 000 多套，带动了一批民族 CAD 软件。

根据原全国 CAD 办公室的统计[③]，“九五”期间“CAD 应用工程技术开发与应用示范”项目中，有 600 家企业参与示范，累计投入 24.3 亿元。自主版权的 CAD 软件年销售额 6.5 亿元，年产值超 3 000 万元的 CAD 软件企业有 7 家，合计年产值近 4 亿元。

6.2.4 错过浪头

中国 CAD 软件在发展初期的前二十多年，可以说是开了一个好头，但不曾想在随后发展的三维 CAD 软件市场却摔了一跤，一下子从阳光大道走到了悬崖峭壁。

---

① 《“97 国产 CAD 金秋行动”实施方案》，《计算机辅助设计与制造》1997 年第 10 期。

② 国家科委工业司，高技术司：《CAD、CIMS、和 GIS 应用(示范)工程及其产业化报告》，《工程设计 CAD 及自动化》1997 年第 6 期。

③ 《CAD 高峰论坛纪实》，《计算机辅助设计与制造》2001 年第 6 期。

1999年4月至2001年4月，“全国CAD应用工程技术开发与应用示范”地方专题完成验收。2001年6月，科技部召开“全国CAD应用工程技术开发与应用示范”验收会。至此，轰轰烈烈的“CAD应用工程”完成了历史使命。

2002年，国家提出发展新型工业化，以信息化带动工业化，各行各业迎来了制造业信息化工程的开篇之年。“十五”的制造业信息化，以“七大研发领域，特别是与制造业相关的863研发项目——三维CAD系统、MES系统、ERP系统、企业集成系统、区域网络化制造系统、数控装备、数据库管理系统”开局，征程似乎可以高歌猛进。[①] 在这七大关键领域中，三维CAD软件代表了数字化设计技术的发展方向，话筒传递到了三维CAD软件手中。

然而，话筒却失了声音。

到了三维CAD软件时代，有两件事情发生了根本性的变化。一个是技术，一个是市场。三维CAD软件的技术门槛是相当高的。建模技术、几何造型技术、渲染技术等多种深度基础技术，再加持强大的系统设计能力和产品化能力，才有可能走向市场。这需要基础科学的高端人才、密集的劳动、长期的投入。另外一个问题，在于三维CAD软件市场门槛的准入。对于刚刚加入世界贸易组织（WTO）的中国，外商的新产品如潮水般涌入。尽管中国选择性地进行了放开、防御，仍有一些领域并没有照顾到，工业软件首当其冲。可以说，中国的三维CAD软件幼苗，面临着三座大山：高端成熟的软件、盗版的低成本软件，以及大量国外厂商带来的“外资狼群”。

外资狼群由主机厂、配套设备和配套软件构成了铁三角。中国一直探讨的“市场换技术”，其目标过度集中于主机厂，而诸多技术优势是隐含在配套设备和配套软件中，导致中国自主厂商很难挤进这个市场。

当国内几所航空院校的师生还在探索三维CAD算法时，随着波音转包生产的需要，中国制造越来越需要硬件和软件捆绑在一起的高端设计能力。1986年625所引进了大型计算机IBM4341，有了一套5080彩色图形终端处理机系统，安装了一个用户的大型机版本的CATIA V1.0；1988年初603

---

① 江彦：《2002年制造业数字化继续创新》，《现代制造》2002年第20期。

所又引进大型计算机 IBM4381，附配五个 5080 图形终端系统以及相关的 CATIA 软件。这些趁手的软件，让工程师眼前为之一亮。随着对三维设计的要求越来越高，波音对国内转包生产零部件的要求也越来越高，数据包必须用模型传递，而国内的软件完全不能满足这种要求。

因此，中国工业软件被强行平仓，从供应商目录中直接被抹掉。这是加入 WTO 之后被冲垮的一个最典型的稚嫩行业。那时候，很多人也许还没有认识到保护国产工业软件的重要性。

现在回头看，中国当时众多的二维 CAD 软件公司还是起到了推动行业发展的作用。一方面"CAD 应用工程"的口号"甩图板"深入人心，在几十年的工业化进程中，积累了大量的制图和看图的设计员、制图员和工人，善莫大焉。另一方面，因为初始起步的技术门槛较低，有一定技术能力的个体、院校和企业都能够迅速开发出可用的二维 CAD 软件产品，在短时间内形成了大量的参赛选手。

此时，基于国外软件的二次开发，也形成了一块很大的市场。许多国外 CAD 软件商乘着"二次开发"的浪潮进入中国市场，并且培养了一方气候，最终让用户难舍难分。国外厂商在中国扶持了大量的二次开发集成商，很快在业内形成了"二次开发一面倒"的景象，培育出一方根深叶茂的生态。在国外软件的界面上，集合了诸多二次开发商的智慧。相比稚嫩的独立自主开发商而言，它们有着压倒性的优势。由于用户形成了多年的使用习惯，会造成对国外软件的强烈依赖。想一想 WPS 现在已经非常好用，功能也不差，但许多 Word 用户还是很难切换过去。使用习惯形成自然的垄断，直接扼杀了后来者的追赶。此外，还有一些细节，在拦住去路。例如，美国欧特克的图形文件 DWG 格式，涉及文件格式和解析。这就是先行者给追赶者挖的一个陷阱。任何一个成熟可用的国产 CAD 软件，与 DWG 文件格式的兼容必须是 100%，做到 99%甚至 99.9%都不行，因为这 1%或 0.1%就会导致用户放弃使用。这是一个首先要做到的基本功。

与此同时，二次开发商的产权却往往都落到国外厂商的手中。集成商投入大量精力进行二次开发，但无法形成自己的品牌，也很难把控知识产权。

发展自主之路从来都很艰辛。浮华过后，那些曾经活跃在舞台上的CAD软件厂商开始纷纷退场。当年国产CAD软件产业联盟的五家初始会员中，只有武汉开目现在犹存，但CAD软件已不再是其主营业务。

工业软件是一个典型的“用户用出来”的技术。离开了用户的滋养，软件不可能发展。中国那些倒下的工业软件供应商，大部分是因为缺乏用户的养分而枯竭的。中国科学院孵化的中科辅龙公司，1995年起与中石化北京石化工程公司和扬子石化设计院合作，软件开发与工程设计两支队伍在一起相互滋养；中科辅龙还一直与中国石油和化工勘察设计协会紧密绑定。如今，其在石化管道设计领域，仍然占有一席之地。换言之，它与用户肩并肩，依靠国内市场生存了下来。在建筑领域的，也因为昔日建设部强制性的标准，使得桥梁等终端用户一直能够站在国产软件开发商的身边，从而留下了PKPM、广联达、鲁班等BIM（原先的建筑CAD软件）中国软件商。

然而，在建筑行业，中国CAD软件的幸运之地其实并不多。很多中国软件商不得不走上了去国外开辟市场的道路。广州中望、上海望友、苏州浩辰等企业，在出海扩展市场的征途中，这几年取得了不小的成就，在国外的销售额甚至可以达到公司总销售额的30%以上，这反过来又赢得了国内企业的重视。

悬崖峭壁之上，也能长出甜美的果实。正因为如此，国内仍留有三维CAD软件的火种，如广州中望、华天软件和数码大方等，正在抓住当前值得珍惜的发展机会。

商业化环境，一直是中国CAD软件的软肋。中国有很多大名鼎鼎的技术人才，但可惜很难把他们的才智成就变成商业软件。一个CAD软件新产品或新版本上市，通常需要一个较长的磨合期，不会立刻得到广大用户的接受，投资回报的速度慢、周期长，因此很难受到投资者的亲睐。

北京航空航天大学的唐荣锡教授是推动了中国CAD/CAM软件行业发展的先行者、启蒙家。除了大量的技术推动之外，他关注整个行业的发展，呵护着这棵幼苗的成长。2006年，唐荣锡教授撰文回顾了中国CAD软件产业的发展历程，指出中国的CAD软件产业仍然是一株娇嫩的幼苗。

只有把一种国家战略意图渗入其中，这株稚嫩的幼苗才有机会成长。

6.2.5 山头要不要攻?

以 CAD 软件为代表的工业软件的特点,可以概括为“非常五指山”,有五大非常之处。一是产值非常小,几乎不可见。这个产业加起来也就是200 亿元的规模。二是开发周期非常长、投入非常高,超出一般人的想象。三是作用非常大,对制造间接拉动效应在 100 倍以上,杠杆效应很明显。四是价值非常隐蔽,不深入了解制造行业的人往往感知不到。五是软件与用户的关联非常紧密、无法分离。这意味着如果仅仅从供应端发力,却没有用户的扶持和栽培,工业软件是很难发展起来的。

这五个非常之处,像大山一样压在中国工业软件身上。那么,凋零的中国自主 CAD 软件产业是否有机会重新绽放?回答这个问题非常复杂,因为当前国际上的趋势是,CAD 软件不再是单纯的 CAD 软件,而是与仿真软件结合在一起,甚至跟物联网结合在一起。CAD 软件作为一种单纯的工具属性,正在逐渐向后退,而平台战略正越发突显。然而,平台背后是工具。作为工业软件的三大工具,无论是 CAD 软件、EDA 软件还是 CAE 软件,对于中国这样一个制造大国而言,都要努力去发展。

目前国内对国产三维 CAD 软件的建设,呈现出诸多的质疑态度。有些观点认为中国永远都做不出 CAD 系统,有些观点认为 CAD 系统不是那么重要。这些看法,或许是因为被过去失败的阴影所笼罩。然而,中国工业化的某些领域,在一定时期内本来就是一个屡战屡败、屡败屡战的苦局,面对久攻不下的山头,决不能停歇前进的脚步。

尽管国产 CAD 软件的发展感觉上像是被压制得喘不过气来,但也有很多欣喜的亮点。例如,苏州浩辰软件的 2D 产品通过“先海外、后国内”的战略,取得了良好收益。2021 年 4 月,在中国 450 万个 App 月活跃第三方排名中,CAD 手机看图版软件浩辰看图王 App 的下载量闯进前 300 名的行列。它带来的业务收入,大幅度增长。在这条路线上,它远远甩开了不可一世的 AutoCAD。华天软件则在石油化工静设备的设计制造一体化和三维数据长期存档方面,闯出一条新路。中望公司在 2010 年收购了美国一家三维CAD软件公司，多年发展下来，逐渐呈现出积极的化学反应。2021年3月，广州中望龙腾软件公司在上海证券交易所科创板成功上市，成为国内CAD软件厂家中的第一家上市公司。这是中国工业软件历史上破天荒的大事，意味着资本的目光，开始转向工业软件公司。这是一个大面积的资本觉醒，对于中国工业软件的发展，具有里程碑的意义。

CAD软件是最基本的设计工具，用户习惯就像是一个巨大磁场中的一块铁，脱离磁场是一次艰难的跋涉。国内工业软件也许短时间内无法整体打开局面，但它正在昂首站起来，从各个角度去尝试、突破、撬动、发展，努力增加自有磁场的吸引力，久久为功，走向成熟。

6.3　中国的CAE软件之路

就智能制造的殿堂而言，CAE软件是最为重要的基石，在高端装备制造方面更是如此。例如，美国仿真软件Nastran作为CAE软件的代表，已经成为飞机设计仿真分析的标配软件。如果没用Nastran分析设计方案，根本无法通过美国FAA的适航取证。然而，在通用仿真CAE软件领域，中国还没有取得突破，国产CAE软件成为显示度很低的“微生物产业”。

6.3.1　好像睡着了

从美国仿真CAE软件的发展历史来看，CAE软件无疑是一种国家战略意志的结晶。美国国家航空航天局、西屋核电和美国国防部的代码转移和扶持，使得美国早期CAE软件公司成功地走出科研机构，进入了市场。随后，这些CAE软件企业之间展开了波澜壮阔的并购。

翻看国外工业仿真CAE软件巨头的进化史，可以发现能活到今天的这些行业先锋，身上充满了疯狂并购的味道。在过去十年中，行业排名前五位的仿真软件公司，并购次数高达65次。每一次整合都会酝酿出一个更大的知识火山。人类工业知识迅速聚集，使得这些工业软件企业也许成为了工业界最聪明的公司。

这个市场，是人类工程师智慧的整体拼盘，也是一个国际化知识流动与融合的宝库，更像是一片大鱼自由吃小鱼的海洋。

但国产 CAE 软件产业动静不大，池子里的鱼并不多，屈指可数，而且都很小。其实，那些曾经奉献青春的 CAE 软件中国斗士，也作出了贡献。20 世纪 80 年代后期，中国 CAE 软件领域也有过一次百花齐放的小阳春。以中国科学院、北京大学、大连理工大学、清华大学等为代表的一批高校和科研院所的科研人员开始从事相关的软件开发。独树一帜的 FEPG 和飞箭、JIFEX、二九基地的风雷、中航工业强度所的 HAJIF 等软件，纷纷崛起。

然而，时至今日，这些仿真软件固然还在发挥一些作用，但其用户量都极少，基本不成气候。令人倍感唏嘘的是，三十年前的一些版本，至今仍然有在运行的，飞箭、紫瑞等 CAE 软件至今仍有数百余套在使用中。它们就像一辆辆几十年前的自行车，虽然老旧却还可以转动前进。

6.3.2 困惑的开路先锋

2014 年 9 月，一群从国内外赶来的原软件开发人员和家属，在北京大学燕园举办了一次很小的聚会，庆祝通用结构力学分析程序 SAP84 应用三十年。只是，这是一次亲情的聚会，与软件无关、与行业无关。

SAP84 曾经是一个响当当的名字，由北京大学力学系的教授主持开发。这位教授当时以美国加州伯克利大学 SAP80 软件[①]为基础，在没有经费支持的情况下，毅然走上了在个人计算机上开发计算力学软件之路。经历了学习吸收和自主创新阶段之后，到 1984 年，新版本功能大幅超过了当初的 SAP80——这也是软件名字中含有“84”的来由。这位教授彼时已经坚定地认为，开发工业软件是力学与工程实践相结合的必由之路。

这个软件的各个版本，后来被国内一千多家用户应用在工程设计和研究的场合，在长江三峡大坝的初步设计、黄河小浪底枢纽工程抗震分析、北京西客站屋顶结构等工程中得到应用，此外也被用于客车车身优级强度验

① 非现在供应 ERP 软件的德国 SAP 公司的产品，而是在 20 世纪 80 年代国内最早广泛应用的一款结构分析 FEA 软件。

算等机械产品。然而，这款面向通用仿真的软件，最终还是在商业化方面折戟。

图 6-1　SAP84 的源程序和计算机(2018 年 11 月摄于北京大学)

另外一个则是仍在苦守初心的例子。中国科学院研究员在 1989 开发出通用性仿真软件 FEPG，其最大的原创性是有限元语言，执行效率很高。这个创举被当时世界排名第二的仿真件公司 MSC 注意到。从报纸上看到相关消息之后，MSC 公司专门前来谈收购。这款软件得到了广泛的肯定，一时间赞誉无数。1993 年 7 月的《人民日报》报道，“首创的有限元程序自动生成系统，数天内可完成数月才能完成的编程工作”。

严谨的中国科学院鉴定委员会于 1993 年 8 月给出的评价是，“该系统不同于通常的有限元程序，而是有限元程序的生成系统。使用者只要提供相应信息，就能自动生成所需的有限元 FORTRAN 源程序。该系统已达到国际领先水平”。

1996 年，国家科委在研究成果公报中，也公布了对这项成果的认可。当时，中国科学院数学所领导非常开明，鼓励拓展这款软件的市场，并提供中国科学院图书馆后面一座小楼作为工作场所。四处筹款之后，飞箭公司成立。

飞箭公司之后一直紧跟科技最前沿的发展，2000年开发了全球首套互联网有限元软件，但是因为1999年互联网泡沫危机而流产。坦白地说，这种理念在当时实在是太超前了。

2006年，高性能计算（HPC）开始兴起。不同于串行计算，并行计算可以在数千个CPU间分配和调度任务。就在这一年，飞箭公司推出了FEPG的升级版本，也就是并行计算pFEPG。2009年，借助天津市的政策支持，以并行仿真技术为基础的元计算公司成立。

美国正是在2009年确立了计算仿真战略。美国总统信息技术委员会的《计算机科学：确保美国竞争力》报告以及美国国家科学基金委的《基于仿真的工程科学》报告，先后被提交给了美国总统。

尽管该公司拥有领先的意识和技术，元计算公司做了大量的工程研究基础工作，但资本的投入却是极为有限的。这种坚守通用型仿真所得到的资金，与国外仿真技术公司每年动辄数亿美元的研发投入相比，差距明显。除了资金之外，更为严重的问题是后继无人。

6.3.3　大学、科研院所的创新困境

与国外相比，中国CAE软件发展走了一条完全不同的发展路线。

国外CAE软件厂商的发展，源头往往都是工业制造本身，最初是为了满足工业工程技术的需要，然后借助于资本和并购的驱动，实现撑杆跳的一跃。美国早期CAE软件是通过国家资助得以发展。像早期的商业化仿真软件MSC、UG、SDRC都得到美国国家航空航天局的支持，当前最大的仿真软件ANSYS背后有西屋核电的支撑。国家资助的基础研发，后期会转入企业进行商业化扩散。

中国CAE软件的发展，则基本上走了一条从高校科研出发、止步于科研院所成果的路线。尽管中国CAE软件起步早，在20世纪60年代就提出有限元方法，完全与国际同步，但随后的产业化、商业化却差强人意。最终，

三十年过去后硕果无存。最重要的是，错过了最佳发展的时间窗口期。

在中国，科研院所可以得到一些有限的资助，做一些软件的开发和尝试。然而，课题一旦结束，软件作为科研成果基本上会被封存。至于后期的转化，可能就不再有经费支持。然而，根据发展规律，一个有效的工业软件走向市场，需要经历过三个阶段：基础研发、工程应用、商业转化。这三个阶段的资金投入比，大概是 1∶5∶25。这意味着，从基础研究走向真正的商业化，还需要 90%以上的投入。这是中国工业软件未能从科研院所实验室成果成功转化为社会化商品的最重要原因。换言之，投入不足，产业转化不畅通。在科研院所，只能靠一拨一拨流水的学生“兵”，做些零星的缝补工作，很少能得到工业应用的实际反馈和迭代提升。

发展 CAE 软件的经验教训表明，单独依靠高校、科研院所发展工业软件并不可行。

例如，在航空科研院所同样也存有转化不通的问题。航空结构分析软件 HAJIF，经过了几代航空研发人的打拼。该软件在 20 世纪 70 年代立项，研发期间不断扩展，到 1985 年的时候，已经发展到Ⅲ型。[①] 一时间，HAJIF 被应用到在研的多种新飞机型号，其基本功能覆盖了当时国外主流系统的功能。

2020 年的工业软件之春，对于 HAJIF 这类软件，是一个很好的机遇。如何将这样的软件充分市场化，是一件具有挑战却非常有意义的事情。

中国 CAE 软件发展的顿挫，与国外软件在中国的长驱直入也有着直接关系。彼时，国人尚不清楚如何保护稚嫩的工业产业，尤其是工业软件这种几乎不可见的领域。在 1996 年前后，国外仿真软件陆续进入中国。美国商业化成熟度很高的 ANSYS、MSC 以友好的用户界面、高速的计算，很快将刚刚起步的国产仿真软件打败。蔓延的盗版软件，则进一步挤压了市场空间。没有大笔资金投入，且缺乏用户的反馈，这些科研院所出身的 CAE 软件很快就陷入了困境。

除了国外软件的大举进入、盗版软件的挤压，国内用户对软件这种特殊

① 段子俊编：《当代中国的航空工业》，中国社会科学出版社 1988 年版，第 402 页。

商品的认识也存在偏颇。在一些上马的项目中，一直对“软件”采用“硬件设备”的方式进行参数描述和项目上报，而对每年的维保续费却没有单独开列。殊不知软件公司正是依靠稳定的维保续费，才能保持高昂的软件开发和性能升级迭代的良性循环。

6.3.4 沦为“微生物产业”

2006 年是 CAE 软件行业声音最洪亮的一个年份。在当年由中国科学院和大连理工大学主办的“CAE 自主创新发展战略”论坛上，高校、科研院所、各大型用户如汽轮机厂、船舶工业等，纷纷展示了几近工程化的软件成果。吉林大学的汽车车身结构制造分析 KMAS 软件、中国科学院的多尺度高精度计算 HOAM 软件等，成为大家关注的对象。在那个时代，许多种子都在竞相发芽。

但在这次论坛上，再次提出一个严肃的问题，自主 CAE 软件有了一些有限用户，但要想继续扩大战果，在资金上难以为继，进一步研发几乎是“奄奄一息”。[①]

2008 年召开了主题为“发展 CAE 软件产业的战略对策”的香山会议，应该算是产业最后一次响亮的呐喊。当时，钟万勰院士清晰地指出，“CAE 软件已经成为数字设计与制造的核心”，这是对传统的实验室反复试制模式的一次巨大颠覆。这比 2014 年德国工业 4.0 引发人们对数字化制造的广泛思考，整整提前了 6 年。但当时，这个呼声并未引起多少人注意。

中国的 CAE 软件，曾经是一个大师闪耀的舞台，创造了一代人的辉煌。然而，由于行业发展式微，许多原来在这个行业有所建树的科研人士纷纷离开了这个行业。

钟万勰院士曾说：“我从 1970 年开始自主开发结构有限元软件，大连理工大学在此方向坚持了 6 代人、40 余年，可谓屡败屡战。”幸运的是，大连理工大学一直在坚持，成为凋落的学院派软件中的一股清流。

---

① 陆仲绩：《自主 CAE 涅槃之火》，大连理工大学出版社 2012 年版，第 112 页。

6.3.5　中国CAE软件产业的四大流派

缺少国家的支持，这个行业只能以“饿着肚子往前冲”的姿态继续前行。中国CAE软件市场一直活跃着四大流派，分别是学院派、传统派、代理派和在线派。

学院派是指从科研院所、高校发展而来。这里面包括中国科学院源头的元计算公司的IFEPG、空气动力研究所的围绕计算流体力学的风雷软件、中国飞机强度研究所的航空结构分析软件HAJIF（1975年开始研发[①]）、大连理工大学的仿真软件SiPESC（前身JIFEX）、华中科技大学的冲压成型分析软件华铸CAE、西安电子科技大学的大规模并行电磁计算软件Laspcem和华中科技大学教授创办的苏州同元的MWorks软件。学院派的特征是依靠院所资源，理论功底比较强，基本功很扎实。其中，最为传奇的是大连理工大学的产品。在悉心栽培下，从有限元分析软件DDJ（多载荷多工况结构分析）开始[②]，到完善的有限元分析与优化设计软件系统JIFEX，几乎是三代人的传承。尽管在20世纪90年代，连完整的说明书都没有，以至于很难说它是一个完全商业化的商品。但是这么多年，围绕这个产品前赴后继，培养了很多人才。

四处存放的火种，或许只是在等待合适燃烧的时机。

中国仿真软件最大的亮点，来自建筑领域。土木工程结构分析软件PKPM，是由中国建筑科学研究院研制开发的。由于加入了建筑结构设计规范，结合本土应用，它一举成为用户最多的中国自主开发的有限元分析软件。

与高端CAD软件高度垄断市场有所不同，在通用仿真分析领域，尽管国外的仿真软件如ANSYS、ALTAIR、MSC等占据了大多数份额和用户，但是由于仿真往往有非常强的专业性，很多场合只能通过专业仿真软件来实现。另外，一套CAE软件价格不菲。因此，国产CAE软件仍有一定的市场

---

① 常亮：《结构强度分析与优化软件HAJIF——系统简介》，2015年11月5日，https://wenku.baidu.com/view/1a441bcca45177232e60a211.html。

② 陆仲绩：《追逐梦想三部曲》，2018年7月22日，http://wap.sciencenet.cn/blog-1185605-1125417.html?mobile=1&from=singlemessage。

缝隙,尽管生存得很辛苦。

PKPM是典型的传统派。传统派的创始人往往是技术骨干,走垂直路线。传统派包括大连英特、西安前沿,以及以透平为主攻方向的合肥太泽透平、以军工行业为主攻方向的上海索辰、走电磁仿真路线的上海东峻、以多场耦合见长的北京超算科技等公司。

如果仔细查看,缝隙间充溢着很多国产软件的惊喜和盎然的生命力。北京希格玛仿真在压力容器行业做国产CAE工具,体量比较小,却是石化压力容器领域内与国外抗衡的唯一国产软件。济南圣泉以行业里少有的战略并购眼光,从韩国收购了铸造软件AnyCasting,深耕铸造行业。专注PCBA工艺设计仿真的上海望友,则致力于对标被西门子公司收购的EDA软件公司Mentor旗下的Valor产品线。

第三类是代理商自研的产品。例如北京海基专注于高空高速流动的CFD软件、ANSYS的代理商安世亚太的协同仿真平台等。在中国,做代理的企业大多希望研发出自己的软件。代理商为不同CAD软件、CAE软件进行二次开发,实现软件之间的数据传递,这些基本上属于客户定制化的开发,并没有触及核心算法。因此,基于自主研发,是迟早要赶的路。

令人眼前一亮的是代表新锐实力的在线派,包括北京云道智造、上海数巧、北京蓝威、杭州远算科技,以及围绕压铸的北京适创科技等,都试图从在线领域撕开传统仿真巨头垄断的一个口子。云道智造公司更是提出了"普惠仿真"的理念,提供仿真软件平台,让仿真软件的开发变得简单实用。在线仿真与云仿真平台,作为一个面向未来的新兴市场,可以较好地避免盗版,为新兴企业留有一些利润空间。其全新的架构设计和快速的服务响应,也更好地适应了中小企业的需求。他们或许是未来中国仿真发展的种子力量。

6.3.6 必须啃硬骨头

回看美国的CAE软件的历史可以清楚看到,CAE软件的初期发展在20世纪六七十年代得到了军方大力支持,然后再普及到民品应用。发展

CAE 软件需要国家战略的重视，单纯靠民间资本推动，断无可能。比如，前文提到的对中国封锁的爆炸仿真软件 LSTC 公司，目前有 100 多位博士，全职开发 LS-DYNA。需要指出的是，军方项目的长期支撑，保障了这款工业软件的持续发展。

随着数字制造的发展，计算机仿真越来越成为一种真正的核心底层技术。按照市场规则，通常一家软件企业会避重就轻，不去啃这块硬骨头。然而，要真正做到自主可控，中国必须啃下这块硬骨头。因为 CAE 软件的安全，就是工业的安全。

把通用仿真 CAE 软件发展成成熟的商业化产品，其投资规模可能会小于大飞机工程，但技术密集度却不低。对它的投资强度和持续时间，都应该有足够的认识。中国工业软件的发展并不是技术落后问题，而是如何完成工程化和商业化的问题，这是禁锢国产 CAE 软件发展的最大瓶颈。

当前中国制造正在面临全新的攻坚战，各条战线都走向了正面突破之路，而数字化转型则是时代的必答题。数字化转型，意味着人们开辟了在物理世界之外的第二战场：数字空间的战场。CAE 软件的重要性，正在得到广泛的认同。对于能够与物理空间实现同等映射关系的数字孪生，更是将 CAE 软件推向一个前所未有的高度。深圳华龙讯达公司的数字孪生工具，不仅实现了一对一的物理模型重构，更把设备的控制逻辑和运动轨迹，进行了有机的融合。在这里，数字孪生变成了一个动态的生命体。它跟数字模型的区别，就像是电影《博物馆奇妙夜》中夜晚的生龙活虎与白天的肃静陈列。数字孪生的活跃性，取决于仿真的能力。中国制造业用户在这里集体觉醒，他们对于构筑第二战场的竞争力跃跃欲试。这是中国 CAE 软件的福音，CAE 软件厂商终于等来了迟到的拥抱。同时，CAE 软件也在摆脱复杂难用的局面，通过模块解耦和工业 App 的方式，实现仿真的平民化。北京云道智造就在积极推动“普惠仿真”的概念，让中小企业“用得起、用得快、用得多”。在此之前，中小企业拥有的设计人才往往远远少于仿真人才，因为后者的门槛更高。仿真平民化，像是一种试图武装蚂蚁的尝试，它激发了蚂蚁挑战大象的雄心。激活数千万的中小企业，才是中国制造好戏连篇的开始。中国的 CAE 软件，以一种崭新的面貌迎来了自己的时代。

6.4 中国的EDA软件之路

EDA软件的定义至关重要。维基百科将EDA软件定义为“用于设计和生产电子系统(从印刷电路板到集成电路)的工具类别”,有时被称为ECAD或ICCAD等。然而,这样的定义过于狭隘,只是突出了EDA软件使用的方面,却没有反映EDA软件深厚的科学根基。借鉴美国国家科学基金会的阐释,一个良好的EDA软件定义应该同时强调以下三个方面:第一,EDA软件由一系列方法、算法和工具组成,这些方法、算法和工具可以帮助电子系统的设计、验证和测试实现自动化;第二,EDA软件体现了一种通用的方法,它寻求将高级描述逐步细化为低级详细的物理实现,设计范围从集成电路和SoC到印刷电路板和电子系统;第三,EDA软件涉及在每个抽象级别上的建模、综合与验证。这样的定义才算揭开了EDA软件的真面目。

EDA软件堪称是一个奇葩的行业。狭小的市场,却凝结了人类电子工业知识的最高结晶。在美国对中兴公司、华为公司的制裁中,它是一面无法跨越的高墙。这也让人们的目光集中到国产EDA软件上。

时钟拨回到1991年,华为公司开始自主研发ASIC芯片,工程师们先在PAL16可编程器件上设计自己的电路,再在实际应用中验证迭代。接下来,把成熟的方案委托给一家拥有EDA能力的香港公司,完成ASIC芯片的设计,然后,去德州仪器(TI)公司进行流片和生产[①]。那个时候,重要的EDA软件并不显山露水。

6.4.1 阳朔会议:火种的聚会

1978年金秋,在桂林阳朔举办了“数字系统设计自动化”学术会议。这次会议被誉为“EDA事业的开端”[②]。这是一次全国性大型计算机学术活动,有67个单位的140多名代表参加了会议。这次会议被看成是中国

① 戴辉:《华为老兵亲述:我们的芯片,到底是怎么造出来的》,2018年10月2日,http://news.eeworld.com.cn/mp/xzclasscom/a52524.jspx。

② 胡祖宣:《一次令人难忘的学术会议》,《计算机辅助设计与图形学学报》1999年第3期。

EDA 事业的起步。

当时的 EDA 事业萌芽，主要集中在 PCB 设计领域。清华大学计算机系早在 20 世纪 70 年代初就成立了 EDA 研究室，从事相关的理论、算法及系统研究。1979 年，清华大学计算机系与机械工业部自动化所合作，开发了集成电路图版设计工具。北京理工大学也较早地开创了中国的 EDA 学科。[①] 这种几乎无人听说过的 EDA 学科的初创，是十分艰难的。学科的博士点，是在极其艰难的奔波中才申报成功的。北京理工大学的努力，为中国 EDA 事业的发展，开创了全新的疆土。日后奋战在计算机/集成电路设计领域第一线的很多人才，都是从北京理工大学走出的。此外，北京理工大学与中国科学院计算所最终也开发出具有实用价值的电子 EDA 系统。

阳朔会议最后选出 18 篇论文进行刊登，涉及自动逻辑综合、模拟技术、测试生成、电路分析、印制板布线及集成电路版图设计等 EDA 领域的各个方面。毫无疑问，当时的中国学者专家，对于技术的把握和理论探讨，几乎做到了与国外同步，但当时硬件支撑环境的差别却实在太大。那时计算机非常少，国内的计算资源是最宝贵和匮乏的，先进的外围设备和系统软件更是不可奢望。手无寸铁的邮电学院教师，硬是用手摇计算机和手工计算，完成了几万个用于逻辑综合的数据。

这并不奇怪。与之相对应的是中国芯片制造业的落后。此前一年在人民大会堂召开的科教工作者座谈会上，一位芯片业的老科学家发言称，全国共有 600 多家半导体生产工厂，他们一年生产的集成电路总量，只等于日本一家大型工厂月产量的十分之一。

在萌芽期，EDA 事业的进展，只是学术圈里的事情，是绝大多数人目光之外若隐若现的火星。它所依附的中国集成电路产业，尚只是一个刚刚爬出襁褓开始蹒跚学步的孩子。有一位研究芯片发展史的专家判断，这个时期的中国"芯"，在科研、技术水平上与世界水平有 15 年左右的差距，在工业生产上则有 20 年以上的差距。[②]

---

① 刘明业：《历史的盛会——EDA 产业的开端》，《计算机辅助设计与图形学学报》1999 年第 3 期。
② 陈芳、董瑞丰：《"芯"想事成：中国芯片产业的博弈与突围》，人民邮电出版社 2018 年版。

然而，桂花香开。1978 年金秋在广西漓江畔碧莲峰的会议，成为中国 EDA 事业的香醇启蒙。中国 EDA 事业的青铜铸剑时代，正式开启。

6.4.2 熊猫微萌：产业破土

1986 年 7 月，EDA 事业迎来了国家的扶持。电子工业部确定在北京、上海、无锡建立 3 个集成电路设计中心。

当时，巴黎统筹委员会（“巴统”）正对中国实施 EDA 软件封锁。在无法购得先进工具的情况下，中国的 IC 设计很难发展。因为国内的 IC CAD 工具研发，尚停留在Ⅰ级系统和Ⅱ级系统。

1988 年，国家计划委员会设立了“IC CAD Ⅲ级系统开发”专项，由北京集成电路设计中心牵头攻关，这个Ⅲ级系统被命名为“熊猫系统”。

当时的北京集成电路设计中心聚集了来自国内高等院校、研究所、中国科学院和有关企业等 17 个单位的 120 人，并在 1988 年聘请了华裔专家领导开发。事实证明，这是一个至关重要的举措。国外专家的到来，弥补了国内专家在工程化、商品化方面的经验不足。那时，所有攻关人员都集中 712 厂一栋五层楼中。单身人员住在楼下，楼上就是研究室。[①]

IC 设计从大面上可分为模拟设计和数字设计。模拟设计对工程师的水平要求较高，这意味着对工具的依赖相对较低。数字设计对工程师的要求较低，因此对工具的依赖比较高。所以，考虑到中国 IC 设计水平较低的现实，Ⅲ级系统是从模拟设计入手的。

经过 3 年奋战，这支团队终于在 1991 年开发出原型。熊猫系统获得了 1993 年的国家科技成果一等奖。经过与用户的磨合，“熊猫系统”能够在多种集成电路设计上应用。尽管“熊猫系统”只是原型版，但它冲破了国外封锁。国内市场上同类外国软件的销售价应声而降，有的降幅高达 60%。

“八五”期间，国家将 IC CAD 技术产业化的任务交给华大设计中心，并在 1995 年完成了熊猫系统的最终版本。当时有 56 套熊猫系统在国内 26

① 张竞扬：《【芯人物】孙坚：中国第一代 EDA 的研发者，芯片行业尽显巾帼风采|半导体行业观察》，2019 年 4 月 11 日，https://zhuanlan.zhihu.com/p/62043895。

家集成电路设计单位应用，共完成集成电路产品设计逾200种。

熊猫系统也成功进入国际市场[①]，美国用户用它设计的电路最高可以集成600万个元件。国外软件Mentor为了开拓中国市场，也会将它的软件与熊猫系统做集成。当时来华谈判知识产权问题的美国商务部副部长，专程到华大设计中心考察，对中国拥有自主知识产权的“熊猫系统”大加赞赏。

1998年，熊猫2000系统在第35次设计自动化会议（DAC）上展出，中国的EDA软件，终于走上国际展台，与世界同行握手、相遇。

6.4.3　破墙扼杀：外商进入中国

“巴统”曾是一堵墙，限制重点之一是禁止向中国销售先进CAD软件。我国曾经与一些外国厂商谈判引进IC CAD软件，甚至国家领导人都亲自出面与外国领导人谈判，但仍未能如愿。1986年，法国同意协助中国建立集成电路设计中心，并赠送一套IC CAD（集成电路自动化设计）系统。但是由于法国政府的更迭，这个计划搁浅。

熊猫系统的发布，让屡屡碰壁的中国EDA事业终于找到了一个突破口。可以说，与国外的商业EDA软件相比，中国EDA软件的发展差距在五年左右。然而，这只是技术方面的一个乐观估计。工业软件的应用，从来不会只考虑技术差距，使用习惯、用户界面、前后处理等，都是影响软件在市场普及的重要因素。

虽然中国研制出了第一版IC CAD系统，但不久之后的1994年，“巴统”解散，国外EDA软件公司迅速进入中国市场。在当时的业界，“造不如买，买不如租”的观点盛行。能买到的，就没有必要去自己做。EDA软件市场发生了巨大的变化。

“巴统”禁令刚刚解除，国际EDA软件巨头Cadence公司，立即到北京参加了1994年亚洲电子设计自动化及测试研讨展览会，之后又宣布成立北京办事处。这也反映了国外公司对于占领中国市场下的决心。

第二年，Synopsys（新思）公司在中国大饭店宣布成立北京办事处。在

① 熊猫2.2版本在3个国家与地区发展了5家客户，售出了20余套系统和工具。

办事处成立之前，北京集成电路设计中心、华晶半导体公司、电子部54所、清华大学、复旦大学等均已采用了Synopsys的产品和技术。即使是研发了熊猫系统的北京集成电路设计中心，也利用“八五”科技经费，率先引入了Synopsys的MS-3400硬件仿真器，成为这个产品在亚洲地区的首位用户。

这个时期，国外EDA软件厂家为了培育中国市场，开展了各种形式的公关服务。以曾经的EDA软件世界第四巨头Magma(2012年被新思收购)为例，它采用了与政府合作创建孵化基地，以比较便宜或者免费的形式提供软件及相关配套服务，协助企业进行员工培训等多方面的手段。同时，Magma与包括清华大学、复旦大学在内的四所高校联合设立了大型EDA实验室，为日常授课及实验室研发提供相应的服务与支持。

这个案例，几乎代表了所有EDA软件外商的缩影。作为对未来工程师的培养，这些厂家热衷于培养熟练使用EDA工具的在校学生。院校对这种方式也很欢迎，很多高校建成了由外商EDA工具支撑的EDA开放平台。这种立足于教育的结果，是最终培养了一大批熟悉国外软件的学生，左右了他们日后在工作中对工业软件的选择。这种从大学入手的培训教育，是外商成功占领中国市场的策略之一。

在IC领域，EDA软件“造不如买”的思维占据了上风。从1994年到2008年，中国的EDA软件产业发展陷入了长达十五年的沉寂。这十五年，国外的EDA软件厂商正在进行着“大鱼吃小鱼”的激烈兼并，是EDA软件从自由竞争走向寡头垄断的时期，而中国EDA软件则错失了在激烈竞争中以战养战的机会。

6.4.4 “核高基”挑旗：中国EDA软件再战

2008年4月，国家“核高基”重大科技专项正式进入实施阶段，EDA软件领域也迎来了新一轮的国家支持。

抓住这个契机，2009年中国华大集成电路设计集团与国投高科技投资公司共同投资，将华大集团的EDA软件部门独立出来，成立了独立法人公司华大九天。这是一个勇敢的决定。当时的中国华大集成电路设计中心，大约有6亿元的销售额、1亿元的利润；然而，由40人组成的EDA软件事业部，只有500万元的销售额，每年的亏损都在500万元以上。离开华大集成电路设计集团的羽翼，华大九天开始独自面对市场风暴。

到2013年，尽管“核高基”专项对EDA软件产业进行了长达五年的支持，但整个EDA软件行业的发展仍步履艰难。一方面，在EDA软件这样一个寡头垄断的领域，新入局者生存艰难，只有在特定的细分领域，做有限的单点工具，才可能生存下去。找到正确的细分定位，是EDA软件小公司存活的希望所在。另一方面，华大九天作为由政府支持成立的EDA软件公司，承担着国家赋予的产业使命。从国家产业安全的角度出发，需要华大九天去做全流程的EDA工具。既没有付费用户，也没有应用迭代，这注定是一个艰难的前进之旅。

工业软件总是能找到它所适合的工业土壤。如果工业软件孱弱，那么它的工业用户也必然处于稚嫩期。在20世纪头一个十年结束时，中国本土的IC设计公司还很弱小，数量也很少，没有很好的市场环境来孕育EDA软件业务。更重要的是，这些IC设计公司对使用国产软件心存疑虑。最后的结果是，头部数百家IC设计企业有资金购买EDA软件的，优先考虑国外软件；更多的IC设计企业利润微薄，则几乎不去考虑购买EDA软件的问题。

事实上，全流程设计平台在IC领域几乎不可能赚钱。一是因为这里是国际三巨头公司的主战场，已成垄断之势。二是因为缺少代工厂的支持。代工厂找不到理由和新的EDA软件厂商合作，因此EDA软件不能为IC设计公司提供足够的工艺信息，于是IC设计公司也没必要购买EDA软件。

对于国内的EDA软件公司，国外厂商采用了极其隐蔽的商业模式。他们实施了战车兵团挤压单驾马车的战术。由于国内没有全流程工具而只有单点工具，国外厂商往往针对特定的单点工具不收费，而对其他工具提高收费。这样一来，国内EDA单点工具的市场生存空间就受到极大的挤压。另外，EDA软件公司已经大幅增加了IP内核的开发力度。像Synopsys的IP收入占比，已经超过总营收的三分之一。尽管软件工具与IP内核本来是相互独立的，但EDA软件公司通过IP内核进一步服务于既有的芯片设计公司，从而把 IP 和 EDA 工具都锁定在同一家企业。

好在华大九天找到了突破口，时钟时序的优化、模拟的电路仿真软件成为新的重点，尤其是将 IC 领域的全流程设计支持技术，迁移到液晶面板设计全流程。液晶面板的面板设计领域在当时是一个刚刚兴起的市场。它的设计流程与模拟 IC 设计流程有 70％相似度，再加上市场份额较小还没有引起巨头公司的关注。华大九天的模拟 IC 设计全流程工具，在这个细分市场获得了新生，并随着中国液晶面板的崛起而同步占领了市场。借此机会，华大九天也形成了模拟全流程、数字后端等软件的发展。

这是一个生动的案例。它诠释了在一个制造业产业从孱弱破壳到迎风长大之时，只要培育适当，它就会带动工业软件的发展。

6.4.5　阴影下的持久战

然而，由于见不到明显的投资回报，而且 EDA 软件的销售额实在太低，国产 EDA 软件行业发展缓慢。中国 IC 设计公司号称有 2000 家左右，但真正花钱购买国产软件的其实并不多，良性的软件市场还有待形成。可以说，在 2014 年到 2018 年这五年间，发展 EDA 软件产业的必要性还是有些被忽视了。同一时期，投资的兴趣，转向了突飞猛进的半导体产业。

2018 年和 2019 年，经历两次被卡脖子的深刻教训，人们意识到软件断供这种以前只是假设的可能性突然成为了现实。一味追求发展庞大产值的半导体产业，如存储器、设计、封装等，而忽视 EDA 软件的发展，会给中国产业留下一系列可能致命的伤口。

2018 年下半年，“小小”的 EDA 软件突然被视作一件威力无比的“核武”。投资界开始将目光转向 EDA 软件，一些激进的目标也被设定。很多人都试图在这个“争气”领域找到赚大钱的机会。虽然其中良莠难辨，但更多市场主体被吸引进来，为 EDA 软件产业的资金需求补了血。对于国内的 EDA 软件厂商来讲，有更多盟友至少意味着人才有了保障，有更多投资至少意味着有了更多研发的可能。

中国有全球头部的 IC 设计公司，有全球最多的代工厂。截至 2019 年的统计表明，中国晶圆厂已达到86座（不含台湾）。中国半导体消费市场占全球的四分之一[①]。这样的一种制造和消费格局，应该诞生相应的国产EDA软件公司。在半导体行业内，IC设计公司、EDA软件和代工厂之间的铁三角关系成为关键。要想打造工艺套件，就必须三家一起磨合。但目前国内有些IC设计公司和代工厂，给予国产EDA软件的重视，甚至还不如台积电。这种局面必须被打破，只有三家联手才有希望突围。中国半导体产业的崛起，给发展EDA软件带来新的希望。尽管国外对EDA软件的投资已经势微，在美国已经有近20年没有新的EDA软件上市公司，但在中国，却是风景这边独好。

2019年在全球电子设计领域最具有影响力的国际设计自动化会议(DAC)上，华大九天、广立微、概伦电子、芯和半导体四家中国EDA软件厂商联袂出场，向世界展示了EDA软件领域的中国力量。2019年底，概伦电子收购了博达微，进一步整合了优势资源。这些是中国EDA软件春笋拔节般成长发出的声响。

与此同时，随着5G、工业互联网、汽车电子、区块链等领域的兴旺，出现了很多特色鲜明的、尚未被现有EDA工具满足的IC设计需求，这恰是EDA工具厂商的新机遇。

6.4.6　铁三角的力量

中国EDA软件的发展，从阳朔会议的萌芽到熊猫系统的问世，从国产品牌的艰难支撑到断供引起的全民惊醒，经历了从青铜到核武的转变。当前，半导体的供应链安全，已经成为中国EDA软件产业必须面对的一场持久战——实际上整个中国供应链都在面临这样一场持久战。速攻是无法解决问题的。在这种情况下，芯片设计公司、芯片代工厂、EDA软件供应商的铁三角的深度联盟关系，几乎是唯一能看得见，并可以让中国EDA软件走出泥潭的力量。

这股拧绳已经清晰可见，在龙头用户公司的推动下，中国EDA软件正

---

① BCG, *Strengthening the Global Semiconductor Supply Chain*, April 2021.

在快速发展。对工业软件的信心，就是对中国制造未来的信心，资本市场也做出了坚定的选择。概伦电子、华大九天等 EDA 软件公司，都已经走上了创业板。这种资本的活跃，与美国 EDA 资本市场不起波澜的现象，形成鲜明的对比。这是中国 EDA 软件的幸事，而攻坚战、拉锯战、团结大会战将会是未来几年的主旋律。

6.5 工业软件的崛起与盗版软件的末路

工业软件的盗版，作为制造业的一道硬伤，已经形成了简单而成熟的黑价值链体系。一方面高端工业软件全部依赖进口，国产工业软件长期徘徊谷底；另一方面盗版软件应该成为"人人喊打"的过街老鼠，却长期、大面积存在。具有讽刺意味的是，打假防盗只有部分国外厂商在实施；国产工业软件根本无力承担高昂而漫长的调查和取证费用，只好任"败类们"在眼皮子底下跑来跑去。

6.5.1 盗版软件是"拯救"中小制造企业的英雄？

盗版软件确实解决了高端工业软件"有没有"的问题。对大多数中小企业及个人用户而言，盗版软件为他们提供了近距离接触和使用高端工业软件的机会。在浙江、广东等模具业发达的地方，盗版软件进入了大量的作坊和小工厂。他们跟着软件的最新版本一起升级非授权版本，却很少想过需要为此付费。对于很多中小企业而言，这些软件是如此昂贵，以至于它们干脆默认这样的成本应该归零。在实际运行中，"盗版"有时也会充当"试金石"的角色。有用的软件才会有人花工夫去盗版，无用的软件则无人问津。

盗版软件似乎能够引导需求、启发市场和培育用户。不管是操作系统、办公软件，还是工业软件，国外软件占领中国市场的征途，也与盗版产品大量扩散的过程相伴。这与软件产品的独特性紧密相关。一方面，软件产品的开发与成熟是一个长期的过程，必须有大量用户的积极参与和反复迭代才能推动软件产品的演化与发展。很多国产软件被排斥在这个迭代流程之外。另一方面，无论投入了多少资金开发软件的授权保护算法，假以时日，许多软件仍会被破解，而且十分容易被复制、传播和分发。与此同时，当从业人员都熟悉了一种软件的使用，习惯了一种界面的操作，这种软件就会广泛地普及，而其他软件也就会受到冷落。

6.5.2　盗版软件使用者是不是贼？

盗版软件搅乱了市场，恶化了竞争环境。缺乏正常的商业环境，所有的创新都会归零，因为知识产权无法再作为回收利润的护甲。盗版国外软件四处泛滥，且价格都很低。可能那些从事盗版软件买卖的中间商，比国内正版软件厂商赚钱更多。许多国产软件的首要竞争对手，并不是国外软件厂商，而是那条粗壮的黑色价值链。既然竞争对手做的是“利润生意”，那么国产软件根本没有办法用“性价比”来吸引客户。

因为软件无形，软件价值也容易被忽略。盗版软件，有时候也源自人们对软件价值的无知。早在20世纪七八十年代，年轻气盛的比尔·盖茨愤怒地撰文，声讨“使用盗版软件的贼”。很多早期从事软件创业的工程师，加入了这场谴责行动的行列。这种当时看上去惊世骇俗的辩论，启发和警醒了美国的舆论。侵犯软件的知识产权与盗窃相关，这个比喻最成功的结果之一是，比尔·盖茨赢得了这场战争。这场战争还意外地开辟了软件工程一支浩荡的分流。那些天才的工程师，既不想使用昂贵的封闭软件，又不想被视做贼，于是开辟了开源软件这个全新的模式。在这里，人人都可以使用别人的源代码。被使用成为一种荣耀。使用者则有义务把自己对软件代码的修改贡献其中。开源软件是一个巨大的知识产权创新。

盗版同样侵害了国产自主软件的利益。山寨幽灵孕育于同一片土壤，是“速成工业化”这段历史时期的特殊产物，植根于特定的经济和社会环境。

6.5.3　一种毒瘤

与绝大多数人的认知相反，盗版软件首先挤压的是国产软件的市场空间。在市场竞争中，国外软件占领了国外市场和国内高端市场，而国产软件的生存空间往往局限在中低端市场，在低端市场的营收是国产软件的生命线。

国外软件一方面可以在国际市场持续盈利，另一方面能在国内的高端市场获得高额利润。在国内软件项目的招标中，国产软件与国外软件的报价比有时候能达到1∶4。在工具软件层面，往往是国外软件直接胜出。有了足够的利润，国外软件厂商完全可以在这个战场打消耗战和持久战，但国产软件则消耗不起，只能在生存线上挣扎。盗版软件盛行，是对国产软件发展的釜底抽薪。只有对盗版软件进行重罚，才能给国产工业软件创造更多的生存发展机会。

对于使用者而言，心安理得使用盗版的心态，是致命的毒瘤。如果行业内心安理得使用盗版国外软件，那么国产软件发展就失去了成长的机会和空间，这是另外一种形式的劣币跨界驱逐良币。

盗版软件的风险正在变得日益显著，国外软件厂商的积极行动，使得这种风险之大变得不可估量。盗版软件看起来是暂时"免费的"，但使用盗版软件的企业正承担巨大的法律风险、道德风险及品牌风险。在国外工业软件厂商加大打击盗版力度的时候，这些风险会集中爆发，给企业经营带来巨大冲击。

近年来，随着中国经济规模和地位的提升，过去没有成为问题的问题不断涌现。国内企业由于国际分公司的盗版软件而被反追到国内总部的状况，也时有发生。几家国际著名车企则发出全球警告：如果打算参与协作价值链，必须使用正版软件。

从另外一个角度来看，打击大企业使用盗版软件问题，往往发生在形成路径依赖之后，企业无法摆脱之时。恰在迁移或替换都会付出巨大代价之时律师追索函应声而至，巨额赔偿的绞索伸了过来。2019年8月，一家著名工业软件公司起诉上海市嘉定区某电动车技术公司非法复制安装使用三维设计软件。上海市知识产权法院经审理，判决被告公司赔偿900万元。国产动画片《哪吒》热播后，参与制作的诸多外包公司都收到了数字内容生成软件供应商的律师函，因使用盗版软件被版权方追究责任。一个令人惊讶的事实是，国外软件厂商在中国市场每年打击盗版所取得的收入巨大，有些甚至能占到其国内市场收入的四分之一。

6.5.4　正版软件的竞争力

中国许多中小企业不用花钱就能使用软件工具，的确节省了很多成本。然而对于追求卓越的企业而言，盗版软件会大幅减损企业的竞争力。因为盗版软件一般不会有服务，而服务正是工业软件最为核心的部分。在工业软件领域，就纯粹的工具软件而言，产品与服务的比例大约为 5∶1，服务占比不算太高；至于偏管理类软件，如产品研制管理类软件 PLM、PDM、MOM、ERP 等，服务占比则大幅度提高，产品与服务的比例大约为 1∶1.5—2.5。工业软件服务内容是行业知识、工具专业知识和实践经验的复合体。在这些知识复合体的带动下，企业才有可能将工业软件中封装的能力转化为企业的设计、制造和运营能力，才能在激烈竞争的后工业时代实现真正的数字化转型。盗版软件只能带给企业一时的便利，能够解决的问题也是有限的。使用盗版软件不仅面临着风险和高悬的道义之剑，更重要的是失去打造核心竞争力的机会。对大企业和优秀中小企业而言，要想解决硬核问题，就不能用盗版软件。

主流的国外软件商通常注重先导客户对新款软件的使用。由于有丰沛的软件正循环资金投入，在市场调研之后开发出来的新款软件，通常会免费提供给业界客户群中的领头企业，进行先期半年的测试使用。这样一来，先行客户方获得了最新功能的尝试和增益，软件开发方则获得了这些顶级客户的体验反馈，对即将发布的新款功能进行了上市前的实战打磨。这种正循环的商业化运作模式，维系了强烈的客户忠诚度和黏性。技术领先，加上长期服务，才能真正形成这种共生体。

在正版软件和“正版服务”的组合作用下，一个又一个知名企业研制能力更新换代，一个又一个具备市场竞争力的工业软件企业成长起来。这种良性的循环与互哺模式，外企可以说是屡试不爽。

工业软件是构建智能制造的基石。工业软件厂商的正版软件中，存在着大量的知识库和经验包,只有在正版软件渠道才能释放,它们是智能制造最需要的营养大餐。

6.5.5 中国工业软件再出发

几十年来,中国工业软件一直不缺乏技术突破的火种。但在现实制造环境中,其火苗一直比较暗淡,部分原因是工业意识的缺位。盗版软件不仅仅与知识产权的薄弱意识相关,也与制造业水平不高息息相连。盗版软件的滋生土壤,正是贫瘠的工业意识所带来的。软件的价值,迟迟不能被广泛认可,也是发展工业软件的一大沼泽地。正版软件每年要支付的维护费,往往不被国内用户所理解。从财务角度来看,传统上软件一直被当成硬设备来采购,采用了设备台套的概念,而非软件的持续完善和持续交付能力。这些多年来形成的固有思维,还需要一段时间来打破。

在当下,全球化制造格局正在发生重大变化,中国制造业面临着往更高价值链爬升的全新关口。知识产权是人类创新的最坚硬保护盾牌。如果盾牌闪亮,让工业软件的智力投入,可以得到足够的回报,中国工业软件也就迎来了彻底的翻身机会。对工业软件的重视程度,则是一把体现工业文明的高级量尺。

第七章

工业软件的未来

随着数字技术的发展，工业似乎正在进入“平台至上”的朦胧清晨。最开始作为工具的工业软件，逐渐成为这个过程的重要推手，自身也在经历着空前的变化。这个变化始自十多年前，直到现在借助于工业互联网、5G的光芒，它的轮廓才变得有些清晰。也许十年或二十年后，工业将真正感觉到它的颠覆性作用。

到那个时候，工业软件的工具属性也许不复存在。它会以一种更加内生、更加隐蔽的平台方式，主宰工业的走向。

未来的工业软件，将向哪个方向发展？

7.1　制造业再次升级：从机电一体化到机电软体化

20世纪七八十年代，日本人发明了机电一体化的概念，以解决电子与机械的互动。任何一个产品，都要同时从机械和电气两个方面来看待。就像质子和电子一样，它们相互作用形成了一种不可分割的力量。

许多仿真技术公司最早是从机械仿真起步，后来则通过大量收购电气、电子方面的软件，加强了多物理场的耦合，提高了仿真的精度，从而使得仿真结果向现实物理世界进一步靠拢。

然而，制造业正在发生新的变化，数据变成了全新的战略资产，物联网则成为释放数据的超级明星，以数据为食粮的人工智能也得到了快速的应用。这进一步激发了人们寻找数据、分析数据的热情。这几种不同的方向的技术,推动了软件业的繁荣。作为知识的数字化载体,软件开始受到空前的瞩目。

最早的仿真,是基于子系统、组件进行计算。随着数据流的蔓延,把所有数据和工作流都汇聚在一起,成为工程师尝试的新方向。这个时候,诸如对一辆汽车整体开发的考虑,催生了系统级仿真的出现。

这也意味着,工业正在形成全新的维度,从机电一体化,走向机电软体化。这个世界的物理形状,正在被一层看不见的软件覆盖——如果不是说吞噬。机电软体化的本质,就是 MED——“机械 + 电气电子 + 数据”,三者交互发挥作用。

可以说,从机械到电气,是一个台阶的跃升。对于从事机械制造的传统工程师而言,完全可以靠提升技能而掌握它。机电一体化的融合,使得很多制造业门类都顺利升级。在中国许多企业中,能够看到很多掌握技术要领的企业,都从机械时代几乎“无师自通”地进入电气化和自动化时代。然而,从机电一体化到机电软体化的升级,则要跨越一道鸿沟。物理世界的传统逻辑出现断层,软件与机电一体化的融合,形成一个全新维度,无法再靠迈台阶的方式突破。认识到这一点,对于中国传统制造业而言尤为关键。缺乏工业软件思维的企业家,将面临一种新的游戏规则,面临事关企业生存的一场挑战。

7.2　机器自我发挥:创成式设计

创成式设计,是软件自动根据零部件所承载的边界条件,进行应力分析和拓扑优化,从多种结构优化的方案中选择最适宜的方案。在当前人工智能的发展如火如荼的时候,它会被某些 CAD 软件厂商端出来,成为人工智能的新篇章。创成式设计,似乎是一场来自 AI 的拯救,似乎是一场人工智能的胜利,其实却不尽然。

真正新鲜的是,这种设计带来的挑战性结构和材质将如何制造、如何实现。增材制造技术给出了一个漂亮的答案。即使是一些奇怪的结构形状,3D 打印也可以从容实现它们(制造)。空客公司用 3D 打印制造出创成式设计的具有奇形怪状结构的座椅，让人倍加赞叹。

欧特克公司在此领域耕耘多年，它的 Within 软件是在 2014 年收购的伦敦软件公司 Within Labs 的技术基础上开发出来的。在增材制造的世界，有更多 CAD 软件和 CAE 软件的足迹。与此同时，用于晶格优化和金属增材制造模拟的 Autodesk Netfabb 软件应运而生。美国参数技术公司的 Creo 4.0，则简化了 3D CAD 软件与 3D 打印之间的流程，实现了均匀晶格的创建。

2017 年 5 月，西门子 Solid Edge ST10 软件正式发布，采用创成式设计，为设计、仿真和协作提供增强功能。Solid Edge 2019 软件，则提供了基于收敛建模的逆向工程，让工程设计人员可以将网格模型集成到设计工作流程中。Solid Edge 2021 软件借助全新的自适应用户界面功能，以及人工智能，根据用户行为预测后续步骤，由此提高工作效率。

在物联网世界自由遨游的美国参数技术公司，也意识到这个新方向的价值，于 2018 年 11 月，购买了创立于 2012 年的新公司 Frustrum（西门子 PLM 的创成式设计模块主要与此公司合作）。这笔价值约 7 000 万美元的收购交易，将使美国参数技术公司在其核心 CAD 软件产品组合中添加 Frustum 的 AI 驱动的创成设计工具。

为了突出创成式设计的效果，欧特克公司也没少下工夫。“CAD 技术是一个谎言”，欧特克公司高管调侃道，“创成式设计正在让它变得名符其实。”欧特克公司在增材制造领域紧锣密鼓地部署，已经成为少数几家可以提供增材制造完整数字化解决方案的供应商。

创成式设计作为人工智能发展的一种趋势，取得了巨大的进展。3D 设计师将只需要输入约束条件，就可以调用云端的算法和数据库、深度学习。更重要的是，它可以跟后续制造环节中的各种加工条件相结合，如计算机数控（CNC）、注塑加工、3D 打印等，创造出适合本工厂内机加工（制造）的最优方案。

从创成式设计的发展来看，它与增材制造的发展是密切相关的。它所设计的奇怪的形状，采用传统切削、研磨工艺往往很难或者根本无法实现，而叠层累积的 3D 打印，则满足了这些“稀奇古怪”的需要。当然，创成式设计更广泛的普及，也要取决于3D打印的速度有多快。

7.3 CAD与CAE的结合：仿真前置

CAD与CAE曾经是两个泾渭分明的阵营，只有少数工业软件横跨这两个领域。然而，当今在许多场合，设计却已经跟仿真紧密地结合在一起。设计既出，仿真即行；同源数据，共生验证。信息物理系统(CPS)、数字孪生、数物融合等概念背后，都映射着这样的事实。

2005年前后，出现了CAD软件和CAE软件融合发展的趋势。传统的CAE软件开始向前端渗透，如2005年ANSYS公司收购了SpaceClaim。2010，MSC公司开始了历时四年的Apex平台开发，以大幅降低使用者的门槛。在传统的CAE仿真流程中，网格划分可能占到总工作量的30%，MSC Apex则通过简化几何体的方式，大幅提高了前端CAD模型的网格化效率。

与此同时，CAD软件越来越具备CAE功能。达索系统收购了ABAQUS。西门子收购了LMS、CD-adapco、Mentor Graphics(FloMaster、FloTHERM、FloEFD)、TASS、Infolytic等，并把这些产品逐步集成到NX与Solid Edge中。达索系统并购了COSMOS之后，吸收了后者的仿真功能，并与SolidWorks整合，形成设计仿真一体化的解决方案；欧特克的Inventor CFD则具有计算流体仿真的功能。以三坐标测量仪起家的海克斯康借助于强大的测量能力，也在推动CAE软件与CAM软件的融合。

作为研发设计类工具，CAD软件和CAE软件之间的界限逐渐变得模糊，不再泾渭分明。在最近几年，达索系统的重点是深耕仿真领域，充实达索系统旗下的仿真品牌。在达索系统最近五六年的并购中，有一半是在进行仿真软件的购买。西门子同样在接连不断地收购仿真技术公司。2016年，西门子公司以近10亿美元的价格，收购了全球工程多学科仿真软件供应商CD-adapco。西门子公司类似的举动还有并购LMS、自动驾驶仿真软件公司TASS等，都是一次一次地在向CAE领域拓展。

欧特克公司也通过并购，推出自己的仿真产品。2016年推出的仿真分析CFD软件，是欧特克仿真分析软件产品组合的最新成员。它依托于欧特克在2011年3月的一次并购。欧特克公司收购大型通用的有限元分析软件ALGOR、模具分析软件MoldFlow，都是为了在CAE市场上占据一席之地。

这标志了一个显著的变化，CAD与CAE正在紧密地连接在一起。设计即仿真，将成为工业领域的标配。这种融合的力度，正在得到空前的加强。传统的CAD和CAE分而治之的局面，正在由CAD软件厂商率先打破。由于物理数值仿真将先于物理实现，使得几何内核的重要性也将随之降低。这将对单纯只做CAD软件或CAE软件的厂家，形成一个巨大的压力。

这种局面不仅让美国参数技术公司的CAD软件事业部感到了压力，而且对仿真巨头ANSYS公司也产生冲击。最好的方法，是两者联盟。为了应对CAD与CAE的日渐一体化趋势，ANSYS与美国参数技术联合开发"仿真驱动设计"的解决方案，为用户提供统一的建模和仿真环境，从而消除设计与仿真之间的界限。仿真商用软件公司MSC(已经被海克斯康公司并购)早在2014年推出的Apex平台，也是为了正面迎接两者融合的挑战。

仿真前置，难在仿真是有使用门槛的。一个汽车厂可能有200名设计人员，但专业仿真人员只有20名。企业的CAE部门一般都是独立地完成各种仿真分析任务，CAD部门将设计数据推送到CAE部门后，等待结果可能需要2至3周的时间——这在汽车和航空制造业中都很常见。若仿真结果不理想，则该设计方案将返还给CAD部门，进行重新修改。几次反复下来，非常耗时。然而，仿真需要很多经验和Know-how，CAD设计师往往无法胜任。

目前，仿真的工作正在大幅度前置。ANSYS公司把CFD在前端直接使用，形成即时3D仿真软件Discover Live①。这样CAD设计师对于自己的设计想法，可以先自行仿真，提前了解设计意图在制造端可能引起的加工难度。如果CAD设计师可以提前知道自己的设计适合哪种工艺，甚至接入生产系统，例如，调用增材制造3D System等机器设备，通过物联网技术显示

① Wolfgang Gentzsch, "Comparing Newcomer ANSYS Discovery Live With Two Market Leaders", October 29, 2018, https://blog.theubercloud.com/comparing-newcomer-ansys-discovery-live-with-two-market-leaders.

任务调度、空闲机器、粉末物料原料等情况，甚至通过物联网监控打印效果，那么设计师与工艺部门的合作，将会无比高效。结构件的设计速度会加快，设计与工程之间的迭代次数减少，大幅缩短了新品上市时间。

然而，将仿真前置，有一个意外的组织障碍。一个负面结果是，后续流程中 CAE 工程师所做的仿真其实并不充分，因为很多可能性已经被 CAD 设计师提前过滤掉，创新设计被牺牲了。所以，一家企业的组织架构需要打破两者界限：建立双方的信任感。哪些任务可以前置到 CAD 端，最好需要得到 CAE 部门的认可。毕竟，CAD 部门的仿真与 CAE 部门的仿真是有差异的。

很多 CAE 软件会有专门面向设计师的仿真部件。只要会 CAD 设计，就可以掌握 CAE 仿真，掌握初步的力学原理就可以，而不需要了解算法。这种处理方法，是让设计师能看到趋势，而不必在意边界和网格的精细。

结构、震动、热、内流场、外流场的仿真，都可以嵌入 CAD 软件。在概念设计阶段，就可以做验证设计。例如，一个生产办公家具的企业在采用新材料的时候，需要考虑承重情况，要求它既能适应普通人，也可以应对一个超重者。以前，CAD 完成设计之后，把设计交给 CAE 工程师，以确定结构强度是否够，然后返馈结果给 CAD 部门，一来一回可能需要 10 天。到那个时候，设计的创意人，可能早已忘了自己最初的创意。现在，设计师迫切希望可以早些感受自己的成果。不用等待，只需要调整参数，秒级就可以出现结果。在设计阶段就做快速迭代，可以充分满足设计师的想法。

热力学和简单的电磁仿真，也可以前置，先让设计人员熟悉一段时间，就可以把仿真流程嵌入设计。通过近乎实时的结构分析，可以颠覆此前常见的仿真延迟，研发效率会大幅度提升。比较难的部分，如多学科耦合、多物理场耦合等非线性仿真，无法做到前置，最好仍由少数 CAE 工程师来完成。

CAD 与 CAE 的融合，意味着制造端的前置，设计需要更多担负起传统上样机与测试的功能。面向制造的设计（DFM）、面向安全的设计（DFS）等 DFX 系列由此能够更加可行，而且更具普遍性。

7.4　数据传递“全屏化”

在相当长的工业发展时期，无论是设计，还是车间生产，晒蓝的二维图纸，象征着总工程师的权威。指令，往往就是“一纸之令”，这是一种传递决策的古老方式。越是复杂的制造，数据传递就越复杂，传递路径就越长，因此通过纸张、看板等载体实现信息传递，出现差错的可能性也就越高。

无纸化，是波音公司早在20世纪90年代提出来的。作为一个简洁易懂的目标，其背后含义重大。告别简单的晒蓝图纸或许容易，但在设计与制造之间以及整个工厂实现无纸化则非常困难。从1990年开始研发的波音777客机，是最早采用数字化技术设计的飞机，但直到现在，波音仍然在致力解决无纸化问题。

无纸化，是一个解决信息孤岛问题的方向。在这种理念之下，所有的纸张和表格，都是孤岛数据的象征，意味着工厂出现了“数据阻塞”。不过，这也是当下很多工厂的普遍特点。

然而，彻底解决这样的问题，看上去也是有希望的。增强现实（AR）作为一种全新的媒介，有可能重新定义数据传输方式。设计研发工程师像《钢铁侠》中的主角那样，在空中进行拖拽式的设计，已经有了萌芽——洛克希德·马丁公司正在做这样的尝试；在工厂的车间现场，以丰富软件支撑的增强现实设备，已经来到操作工人的身边。美国参数技术公司的ThingWorx Operator Advisor采用了全新的3D设计和工作指令的方式，可以通过AR把相关信息传递到任何一线操作工的手中。全球最大的风机设备制造商丹麦维斯塔斯（Vestas）公司，率先进入这样的3D时代。它正在通过简化关键操作数据的收集、合成和传递方式来解决“断点数据”问题。

这意味着，在车间里向员工传递信息的方式将被彻底改变，“文本”和“纸令”时代将有可能宣告结束。三维数据和指令，不完全是数据下发问题，而是通过一种类似“知识感受”的方式传递信息。这种传递是体验，是感受，而不是文本说明。

这时候需要的指令，不再是用纸说明，而是通过屏幕来传递，是一种感受。无纸化是一个灯塔，它现在有了更加具体的方式："屏幕"将成为新的载体。在西班牙巴塞罗那的2019年世界移动通信大会上，美国参数技术公司宣布自己的增强现实Vuforia解决方案已经在微软的HoloLens 2中内置，通过新手势、语音增强和跟踪功能，可以抛开繁复的编程工作。空气工程公司Howden，已经开始采用这种技术，提高客户使用其设备的体验。

鼠标让人手成为鼠标垫上的爬行物；AR则将人的手解放出来，成为在空中翻动的飞鸟。无论是在设计室，还是在工厂，人们将像指挥家那样挥舞双手，那是他们驱动数据的全新方式。

然而，这种发展背后的潜台词，则意味深长。全球最大的工程机械制造商卡特彼勒(Caterpillar)已经不再为用户提供图纸。若需要维修油路，非授权的维修工程师今后恐怕只能依靠猜测。用户可以拥有一切细节，却看不到它的数据。

那么，下一代工人是什么样子的？

他们都是装有"第二血管"的互联工人。在"第二血管"中，穿梭着各种数据。借助于AR技术，这些工人可以看见它们。

撕掉每一张纸？"全屏化"成为精益的标配？这将挑战一个工厂以往几十年所形成的标杆实践和灯塔文化。

7.5　从永久性授权到持续订阅

随着云平台的普及，软件的订阅制也开始盛行。软件使用授权有两种模式：年租(ALC，Annual License Cost)和永久性授权(PLC，Perpetual License Cost，也称为一次性买断)。年租主要是收取服务费(或者维护费)，大概为软件价格的20%左右。

订阅模式的软件并不一定都是基于云部署，仍然可以在企业内部安装，但是需定期获得授权密码。

在欧、美、日市场上，达索系统、西门子公司每年营收的70%—80%都来自年租，只有20%—30%来自一次性买断。70%—80%的年收入是可以提前锁定的，这是工业软件行业在发达工业国家的通行规则，也意味着工业软件企业的日子过得很舒服。

对于软件公司而言，订阅制可以确保用户产生持续的现金流。虽然当期某个用户企业带来的收入较少，但是几年下来，订阅服务的收入会超过销售固定使用权的营收。而且，用户常久使用软件会产生大量数据，由于日后数据难以迁移，因此用户会对软件产生更多的黏性。

从软件发展的动力来看，显然软件供应商也会更喜欢订阅模式。持续用户的存在，会激励开发者的热情和雄心，也会使得软件收入变得非常稳定。在订阅的模式下，长期的更新显得更加合理，工程师们可以专心搞研发。

在国外，很多企业用户会选择签续订协议。一旦新版本发布，就按协议更新版本。

但国内企业通常习惯一次性购买。一次性买断几乎是压倒性的策略，订阅制的发展并不顺利。一旦新版本发布，软件厂商就开始催促国内企业用户续订、更新软件。如果想得到更新版本，那就要再买一次。在这种情况下，很多国内工程师不得不继续使用老版本的软件。

这种软件使用模式也与中国的采购管理体系有关。在中国财务记账模式中，软件通常当作固定资产记为一次性投入，按资产折旧的模式计算。这使得订阅模式无法实现。软件购买是有标准预算的。如果购买软件服务，则很难有对应的财务预算科目。软件服务在中国的价值，并没有被广泛认可，尽管服务才是软件的核心价值。这是一个根深蒂固的旧思维方式，国内用户往往只肯为新功能付费，而不认可软件的服务费。软件服务无法产生正常的收入，也是国内一些自主软件企业生存困难的重要原因之一。

当然，国外最开始推动订阅制时也碰到一些困难。欧特克公司在推行订阅制时并不顺利。自 2015 年开始，欧特克公司便希望能将商业模式从传统的软件买断过渡到订阅制。2017 年 11 月，欧特克公司在全球裁员 1 100 多人，激进地推动订阅制。之后，欧特克公司所有的产品都只能订阅，不卖永久许可。这一步迈得很大，对欧特克公司当时的销售产生很大的负面影响。然而，欧特克公司不为所动，继续组织重整，坚决聚焦订阅服务模式。随后两年的发展，证明这一步是相当有战略眼光的选择。

在互联网普及度不高的时代，软件厂商或作者利用网络进行持续地维护与升级比较困难,很多软件的销售基本就是"一锤子买卖"。现在,随时更新版本的条件基本成熟,为产品提供完善的客户服务支持和迭代升级,完全可以通过在线实施,几乎没有任何障碍。云计算更是加速了这种操作的普及。由于软件厂商与用户之间利用网络进行持续维护与升级非常容易,商业模式也变得更加丰富。例如,软件厂商可以通过下载免费、部分功能使用免费、更多服务需付费的订阅方式,吸引那些因为一开始就需要付费而知难而退的用户。跨过部分功能免费使用的门槛,一部分体验用户往往会发展成订阅付费的用户。以前的买断制就像是只购买了一款软件,现在的订阅制更像是购买了软件厂商提供的持续服务。

订阅模式是否容易推动,也跟行业属性有关。半导体行业更倾向于工艺软件的订阅制,因为芯片工艺更新速度很快,软件每年都要升级,否则无法达到最新的标准。既然需要持续维护,订阅制就要好很多。相反,在传统行业,如机械、航空、汽车等领域,对软件更新的需求要慢得多。事实上,80%—90%的用户对新版本的功能并不需要。他们购买一款新软件,仅仅是为了获得一款软件而已,许多软件功能配置(甚至达 80%)是被浪费的。

云计算的发展,正在一点点地改变人们的习惯。在微软 Office 365 出来以前,不少人都是 Office 的盗版用户。现在,只要购买主机,基本上就成为微软的软件合法用户。

与云计算技术的结合是另外一个方向,软件厂商依靠销售授权的商业模式可能会很快见顶。这也会改变软件的销售方式和版本管理方式。例如许多云 CAD 软件(以 OnShape 最为知名),都不需要销售人员。用户注册一个简单账号或高级账号,就可以试用云软件一段时间。在使用过程中,可以直接网上付费。若有问题,可拨打客服电话,并不需要销售人员上门。美国参数技术公司从 2016 年开始尝试从永久性授权转向订阅制,在美国市场的效果看起来非常好。它在 2019 年又收购了 Onshape 这种天生订阅制的软件,朝向这个方向走的信心变得更加明确、坚定。

这也意味着,人们最熟悉的软件版本之说将消失。取而代之的是随时的微版本。软件厂商不再需要维护原来的版本,在工程师吃饭睡觉的时候,软件可能已经悄悄地完成一次自我充血满格的过程。

可以相信，云计算 IaaS（Infrastructure as a Service，基础设施即服务）越普及，PaaS（Platform as a Service，平台即服务）平台越坚实，SaaS（Software as a Service，软件即服务）发展也越快。

7.6　仿真平民化

仿真需要很高的门槛，无论是通用仿真软件，还是专业仿真软件，都需要工程师拥有深厚的基础功底。

通用仿真基于物理和数学原理，如电磁仿真基于麦克斯韦方程，从直流到光波都能符合。

但遇到具体问题，则需要用到不同场景，需要工业定制化，或者与工程数据库结合，这正是专业仿真大显身手之处。在解决垂直行业问题的时候，往往需要一种专业视角的简化，忽略某些变量，以获得专业求解。

专业仿真有两个方向。一个是利用通用工具做大平台，然后做二次开发，直接在工具平台上面做应用，发展企业的自主研发软件。另一个是围绕着专业的任务发展。例如法国 ESI 在工艺仿真方面很强，对于前处理、后处理，求解器可以全部打通。

很多通用仿真软件最早只针对单一物理场或者少数物理场的物理量进行仿真分析。但在各个场领域，采用的方法还是有很多差别。流体模型与结构模型有着完全不同的网格。在实际应用中，流体领域往往采用有限体积法，结构力学多采用有限元法，电磁领域则多采用有限差分法。这些差异性，给仿真工程师带来极大的困难。要么工程师几种软件都会使用，知道如何变换网格，要么就需要在不同物理场软件中相互传递数据。

这种处理多物理场的方式，显然无法令人满意。这就是为什么西门子、MSC、ANSYS 都在收购不同的物理场软件，然后对它们进行整合，尽量形成一个通用 CAE 的环境平台。这也使得通用仿真软件与专业仿真软件的边界越来越模糊。

多年来，CAE 软件行业一直在倡导的仿真平民化，想把 CAE 软件推向普通技术人员，降低仿真的使用门槛。原来的 CAE 软件推广，存在着三个明显的障碍：其中两个与费用相关，即软件和硬件费用；另一个跟专业知识相关，使用门槛的要求太高。

如今，云计算正在使得硬件费用成为历史。以前需要大量前期投资才能获得高性能计算（HPC）和仿真，现在可以更容易获得。云技术在仿真软件的普及化过程中发挥着重要作用，能够远程访问强大的计算能力。基于云的 HPC 资源也消除了对昂贵硬件和软件的投资需求，同时提供了比传统（通常也是昂贵的）软件许可更灵活的定价模式。

云计算成为备受关注的明星，软件容器的光芒同样无法忽视。软件容器的引入，推动了高性能计算的平民化使用。软件容器，可以直接捆绑操作系统、库和工具，以及应用程序代码和用户数据，甚至持有支持整个复杂工程和科学工作流程的工具。这些容器被设计成是可以提前部署的或可以在云中部署的，大幅减少了部署时间。

由于云计算和软件容器的普及，以及相对应的按天或者按照次数计费的商业化模式的出现，软件和硬件费用的难题，被一扫而空。

现在转向了第三个门槛，就是使用 CAE 软件仍然需要很强的专业知识。工程师若未经充分的训练，无法完成仿真的计算。目前，这些软件与制造业的结合，一直按照“先设计，后仿真”的顺序。这是一种“仿真驱动工作流”的模式，需要进行修改，形成“基于设计驱动的工作流”。从目前来看，工业 App 是一种思路。它背后是高度组合的模块，前端只是呈现一个行业应用界面。设计一个齿轮，不需要了解 ANSYS、MSC 等庞大的仿真软件，只需要通过参数进行交互，然后工程师就可以得到需要的结果。

平民化的下一阶段，可能会带来精简的用户界面和集成的模拟工作流，从而使软件对用户更加友好。此外，随着软件公司从传统的定价模式向更长远的方向发展，工程师能免费获得大量的培训和模板资源。

7.7　工具向平台进化

把工业软件看成工具的时代，或许已经过去。2019 年 2 月，达索系统宣布，走过了 21 年的“SolidWorks World”大会将不再保留原名称，而是成为“3D

EXPERIENCE World”。这发出了一个重要的信号,任何单一软件工具的品牌不再重要,平台将统领一切。达索系统正在主推它的 3D EXPERIENCE 平台,这是一个顶层战略。

工业软件作为一种强烈存在的工具属性,正在被降低它独立存在的意义。当你想要一把斧头,对方会问你,难道你想要的不是一根木头吗? 也许是对的,你想要的的确是一根点燃篝火的木头。

这也意味着商业模式的更新。工业软件供应商正在试图从设计到制造的全过程中,进一步挖掘价值。制造即服务,是这个理念的核心。这就是为什么达索系统致力于将前端的设计与后期的制造直接打通。它在 2014 年收购面向营销和展示的高端 3D 可视化软件 RTT 公司,正是秉承了这样一种理念。

从这个大趋势来看,就能理解近几年计算机辅助制造(CAM)软件风雨飘摇的市场。曾经独立的 CAM 软件商,纷纷退场。英国 CAM 软件公司达尔康在 2013 年出乎意料地被欧特克吞并;海克斯康于 2014 年并购了英国 CAM 软件公司 Vero;同年年底,增材制造巨头 3D System 则以一亿美元的价格收购了以色列优秀的 CAM 软件厂商 Cimatron。围绕 CAM 软件,2017 年 SolidWorks 推出了面向 CAM 的版本,而海克斯康在 2018 年吞并了法国 CAM 软件公司 SPRING。

独立的 CAM 软件商,正在成为软件平台服务的组成部分。

支撑平台最大的秘密,在于社区,在于协同。其实,社区的概念早已有之,20 世纪 90 年代末,因为欧特克公司扶持打造合作伙伴生态,出现了一大批二次开发的工业软件企业。但在欧特克并购二次开发企业德美科之后,国内的二次开发者一时无还手之力,只能纷纷转型。

随着工具向平台的转移,国内的各种小软件公司将越来越多地成为附在巨舰船舷上的一块块海藻。所谓的合作伙伴,也就是铁与草的关系,如此而已。

这样的平台存在,对中小企业有着巨大的诱惑力。这也意味着平台型的企业必须做好“全能选手”的准备。工业软件企业也需要做好迁移平台、服务中小企业的准备。

2018 年底达索系统以 4. 25 亿美元的价格完成收购制造业 ERP 软件公司 IQMS。将设计端的数据与经营数据相结合，这是 PLM 软件商拓展疆土的历史中，跨出的最大一步。2019 年初，达索系统 SolidWorks 推出 3DEXPERIENCE Works，为中小型企业用户提供了一个单一的数字环境，将社交协作与设计、仿真、制造甚至 ERP 功能相结合。

工具，再见！

7.8 天生云端

在工业领域，软件即服务（SaaS）的概念不断发展。基于云的工业软件订阅模式越来越多，成为企业在本地软件安装环境之外的一种选择。可以直接在本地浏览器中运行云与在线的工业软件，或通过 Web 及移动应用程序运行。与安装在本地计算机上的传统软件不同，它通过远程服务器进行更新，并通过订阅获得服务，通常是每年、甚至每月一次。

在十年前，云 CAD 产品就被广泛谈论，但大家都觉得困难重重。最知名的 CAD 软件架构师之一，欧特克的创始人之一迈克·瑞德（Michael Riddle）当时指出，云 CAD 产品的复杂性是桌面 CAD 软件的十倍以上。这并不完全是因为这类程序动辄数千万行数的代码，而是指建模的难度，以及复杂的可能性。重建架构体系是必需的，但这简直是成熟软件厂商的梦魇。1994 年，AutoCAD 第 13 版隆重发布，然而市场反馈是差评如潮。这是一个重建架构、代码几乎完全重写的全新软件，却给欧特克带来一场代价高昂的灾难。

从 SolidWorks 出走的元老，在 2012 年创立了 Onshape 公司，单一提供在线 CAD 服务。借助于创始人的专家效应，一时间引起了强烈的反响。Onshape 公司在 2016 年 4 月一共获得了四轮 1. 7 亿美元的投资，但之后再无下文。看上去，Onshape 公司起了大早，赶的却是晚集。它的冲击力并没有原来想象的那么强。云 CAD 产品有云模式带来的技术优势，有商业模式的创新，但是说到底，还是要把基本建模做好，否则并不能被用户广泛接受。尽管在 2019 年 Onshape 公司被老牌 CAD 软件厂商美国参数技术收归门下，但 Onshape 公司的举动，还是唤醒了诸多传统 CAD 软件厂商。

除了欧特克以 Fusion360 迅速跟进之外，2018 年达索系统也在 3DEXPERIENCE 平台上推出了 xDesign，其界面颜色与 SolidWorks 保持基本一致。这些行动旨在应对 OnShape 等在线设计软件带来的冲击。

在线 CAD 服务带来了巨大的协同效应，使得“众包众创，集体协同”成为一种可能。这是在线设计的魅力之一。随着工业云的进一步普及，会有大量的中间软件商，提供各种软件之间的数据转换服务。这种服务可以把云 CAD 等工程数据与云平台进行无缝、简洁的连接。

为了云平台这样一个战略方向，达索系统甚至考虑到云计算设施的硬件资源。2011 年，成立不到一年的云计算公司 Outscale 获得了达索系统的战略投资；2017 年 6 月，达索系统追加投资，获得其多数股权。通过 Outscale 全球十多个数据中心提供的云计算服务，达索系统的 3D EXPERIENCE 平台可以充分发挥硬件、软件的集成优势，并向各种规模的企业进行部署。

这种基于独立基础设施的云平台，可以从云端交付 Windows 应用程序和工作流。Frame 就是这样一种独立服务商，打破了传统的虚拟化桌面解决方案（如 Citrix 或 VMware），后者是为非弹性的、单租户的数据中心基础设施设计的。以虚拟化方式发展，还是以软件即服务（SaaS）的方式发展，也许在今天并不能泾渭分明地区分，但未来会在商业模式、部署方式、生态开发上有所不同。远算科技的新一代介于虚拟化与 SaaS 的技术，也许是另外一条更具有生命力的方式。

天生云端，架构轻盈，符合用户对于工业云的弹性访问，正是工业软件在云端被看好的地方。

在这个领域，中国的软件正在迅速作出反应。浩辰、利驰等都加强了线上 CAD 产品。2021 年 9 月山大华天发布了基于云架构的三维 CAD 平台 Crown CAD。在 CAE 应用领域，这更像是新型小企业的选择。很多国产 CAE 软件公司，例如北京云道、上海数巧、蓝威、远算科技等正走在这条道路上。这是避开强敌锋芒、找到利基市场的一次良机。

工业软件向云平台的迁移，看上去是为了争夺更加广阔的中小企业市场。“云PLM”为中小型PLM用户提供了更多的选择，可以根据他们的具体业务和工程需求定制解决方案。这意味着PLM业务和部署模式正在发生变化。工业互联网的快速发展，则为这种“云生”软件，提供了深厚的沃土。

7.9　昂贵的软件

毫无疑问，芯片是一个昂贵的产业。面向芯片设计的电子设计自动化（EDA）软件实则是这场昂贵游戏幕后的大腕。EDA软件与机械电气CAD软件在20世纪七八十年代的差距并不大，许多CAD软件厂商兼而有之，而且机械电气CAD软件的风头明显超过EDA软件。后来随着芯片产业的发展，EDA软件走上了越来越专业化的路线，完全迥异于机械电气CAD软件：EDA软件开始与知识产权紧密挂钩。当今在这个领域，霸主Synopsys、Cadence、西门子Mentor几乎主宰了芯片设计的市场。

面对巨大的市场，机械电气CAD/CAE软件厂商在伺机打破二者分明的界限。2008年，全球仿真软件巨头ANSYS进入EDA软件领域，以8亿多美元收购了Ansoft公司。后者随后再以3.1亿美元现金收购了模拟软件提供商Apache Design Solutions，完成了它在集成电路仿真领域的布局。2016年11月，西门子则以45亿美元收购了作为全球三大电子设计自动化（EDA）软件公司之一的Mentor Graphics。

这背后，是芯片的设计进入了惊人的烧钱阶段。先进设计的费用，从65纳米的2 800万美元，上升到当时5纳米的5.4亿美元。整整二十倍的增长！

从65纳米，到40纳米，到28纳米，每一代技术，软件都会有50%的代码需要重新编写。到了纳米级的时候，一些物理现象甚至可能都未曾见过，运算的复杂度，大幅度提高。想实现许多物理突破，软件瓶颈成为了关键限制因素。

这个时候，工业对软件的依赖，达到了一种无法想象的程度。

那么，EDA软件的未来在哪里？

除了汽车和车联网的发展之外，目前能看到三处明亮的光源，正在吸引着人们的视线。其一是一个很有吸引力的市场：生物仿真，如新陈代谢、基因和神经，将成为一个全新的天地。EDA 软件的仿真环境将从电路变成液体或者空气。其二是一个最大的挑战：如何迎接后冯·诺依曼时代的计算架构——这个架构曾经主宰了 70 多年以来所有的计算机体系。没有了总线，时钟不复存在。没有了时钟的傅里叶变换将走向何处？原有的数学根基正在动摇。其三是 IC 将走向巅峰，集成电路迎来“类脑芯片”（仿神经的计算芯片）的机遇。有了这些突破，EDA 软件将抖擞精神，再攀高峰。

所有这些光源的能量，都是来自基础科学。所有这些悬念的解决方案，无一例外地都要回归自然科学，如数学、物理、化学、生物等。正如 EDA 软件最早的诞生，是从大学实验室里走出来一样，基础研究仍将是它的根基。产业的互动和回馈，则将加速了它的成长。

7.10　最大的猜想：工业软件走向无形

工业软件的最高境界，或许就是消灭自己。如果用户想要的是一个洞，那么所有的工具，诸如凿子、钻头就都不必出现。

最直观的一种现象是软硬结合，这正在成为工业界的一种时尚。工业软件与自动化硬件紧密结合在一起。例如西门子自动化与 PLM 的紧密结合，构建了一个数字企业的世界；施耐德电气在 2017 年以近 50 亿人民币收购了 AVIVA 的 60%的股权，成就一段“工程拥抱工业软件”的故事；罗克韦尔自动化投资 10 亿美元占股美国参数技术 8.4%的股权，开启了硬战略合作的典范；在更早些时候，仿真软件公司 MSC 则投入瑞典计量设备商海克斯康的怀抱。

软件定义利润。硬件盈利时代早已结束。随着软件的注入，传统硬件所获得的像刀片一样薄的利润，正在变得像服务器机箱一样厚实。

系统之间的传统界限正在消失，这使得传统机械 CAD/CAM/CAE 软件、EDA 软件，以及与其他软件如制造执行系统（MES）、人机界面（HMI）等，都在融合。

工业软件泛在，是这个答案的本质。在工业互联网的背后，工业软件才是明星。只有借助工业软件，才能玩转机器，才能厘清数据的价值。不再是简单的套装工具，它以另外的形式重塑工业的价值。

什么是无形的？空气是无形的，它主宰着生命的存在。泛在而无形，这或许是工业软件努力的方向。在这种无形根基之上，能建立起高耸入云的智能制造和工业互联网的殿堂。

附录

专业名词中英文对照

AEC	建筑、工程设计和施工
AEE	先进工程环境
ALM	应用程序生命周期管理
AMP	高端制造合作伙伴计划
APC	先进过程控制
APS	高级计划排产系统
AR	增强现实
ARPANET	阿帕网
ASIC	专用集成电路
BIM	建筑信息模型
OpenBIM	开放建筑信息模型
CAD	计算机辅助设计
CAE	计算机辅助工程/计算机仿真
CAM	计算机辅助制造
CAMD	计算机辅助分子设计
CFD	计算流体力学
CPS	信息物理系统
DCS	分布式控制系统
DFM	面向制造的设计
DM	数字化制造

（续表）

EAM	企业资产管理
EDA	电子设计自动化软件
EPC	工程总承包
ERP	企业资源计划管理软件
FEA	有限元分析
FMC	柔性制造单元
FMI	功能模型接口
FMS	柔性制造系统
GIS	地理信息系统
HPC/GPU	高性能计算/图形处理器
IaaS	基础设施即服务
ICAM	集成计算机辅助制造
ICCAD	集成电路自动化设计
IDE	集成数据环境
IETM	交互式电子化技术手册
IGES	原始图形交换规范
MBSE	基于模型的系统工程
MES	制造执行系统
MOM	制造运营管理系统
MRO	维护、维修、运行
OSLC	生命周期协作开放服务
OTS	操作员培训仿真系统
PaaS	平台即服务
PLM	产品生命周期管理
PPM	石油化工、电力和海事
Primary Software Industry	一级软件业
RTO	实时优化
S&OP	销售与运营计划
SaaS	软件即服务

（续表）

SCADA	数据采集与监控
SCM	供应链管理
Secondary Software Industry	二级软件业
SLM	仿真生命周期
STEP	产品模型数据交互规范
Token License	按点数收费的一种模式
V&V	验证与确认
WMS	仓储管理系统

致　谢

这本书前后经历了五年多的时间，曾经一度放弃。因为工业软件的门类实在是太多，层出不穷。研究越深入，涉及的行业就越多，越发现自己知识储备不足。这对于产业观察者真是一件气馁的事情。

幸运的是，在这五年断断续续的写作中，一些内容在“知识自动化”微信公号上发布，得到了很多读者的响应和反馈，听到很多建议，同时结交了很多朋友。他们无私地提供了诸多资料，甚至是毫不保留地分享很多心路历程，使得我能够掌握很多一手素材。这些像是一种无言的鼓励，让这段写作的苦旅，多了一点必须走完的勇气。

在工业软件知识领域，笔者得到了大家热心的支持，在此特别表示感谢。他们是西门子的陆云强、达索系统的赵文功、云道智造的屈凯峰、杭州新迪的彭维、北京大学工学院陈璞教授、剑维软件的孙承武、安怀信的李焕、VI-Grade 的刘崇真、一汽集团的门永红、和利时的丁研、云质的王永谦、楚重科技的孙大炜、Oasis 的王高峰、世冠科技的李京燕等。安世中德的包刚强、达索系统 Spatial 的吴敏、浩辰的陆翔、华大九天的吕霖、概伦电子的刘志宏、LS-Dyna 的周少林、天河智造的曾宇波、ANSYS 的袁国勇、索为的何强、机械六院的朱恺真等也都提供了有益的帮助。

在研究美国工业软件发展历史过程中，得到北京索为系统公司赵翰林的许多支持。关于德国工业软件的发展历史，感谢武汉承泽的徐劲先生的亲身经历。关于法国工业软件的发展历程，特别感谢山东山大华天首席技术官梅敬成博士。他渊博的软件知识和在法国的深入实践，提供了很多素材。

在航空工业领域，感谢航空工业信息中心原首席顾问宁振波提供的许多建议，也感谢中航国际转包生产部原总经理杨春生、原中航工业青云黄迪生、中国航空制造技术研究院王湘念副总工等人。

关于“流程行业”部分，感谢中控技术的褚健老师、原中国石油信息化流程模拟项目负责人庄芹仙、达美盛的周文辉等人的大力支持。

特别感谢北京英诺维盛的赵敏总经理，一路走来，给了很多具体的建议。还有宁振波老师一直给予我很多真诚的鼓励和积极的支持。山大华天的梅敬成博士和达索系统的赵文功，对历史具有详实而深邃的洞察力，给予我很大的启发。然而，这个致谢名单其实是写不完的，与他们的交流成为我每天微信生活里的一部分。因此，还有很多人被遗漏，没有能够直接指出名字，在此一并致谢。满山浓郁的花香，有很多是来自看不见的花朵。

跋

2018 年 4 月 16 日晚，美国商务部发布公告称“美国政府在未来 7 年内禁止中兴通讯向美国企业购买敏感产品”，祭出了对中国企业贸易制裁的第一刀。中兴通讯 2017 年实现营业收入 1 088.2 亿元人民币，是名副其实的大型企业，浮在表面的问题是：缺失了采用美国技术的集成电路，中兴几乎所有产品都生产不了。但是，在当时情况下，集成电路还是可以通过其他中间渠道进口，不至于马上停产。潜藏在幕后、导致中兴差点断气的实则是一款不起眼的电子设计自动化（EDA）软件 Cadence。这款软件贯穿了中兴公司产品设计研发、工艺、生产制造的总流程；虽然一年的软件租金只有 100 多万美元，但一经停用，全线停产。

痛定思痛，我们突然发现，全球的电子设计自动化软件三巨头都是美国公司。由此，我们不得不深入思考，中国“数字化转型之路”如何前行。实际上，中国的工业软件十分弱小，正如本书所指出的：工业软件，尤其是处于核心地位的研发软件基本被国外厂商垄断。中国制造业的数字化水平、核心高端制造业的数字化能力，建立在使用国外工业软件和品牌产品基础之上。我们的航空、航天、航母、核电站、通信设备、电子产品、手机、汽车、高铁、工程机械、医疗设备，甚至是简单的家电等，从产品的设计到建模、工艺设计、工艺仿真、生产、制造，都离不开国外这些工业软件。

2021 年 3 月 1 日，在国务院新闻办公室举办的新闻发布会上，工业和信息化部部长肖亚庆表示：“回顾过去五年，中国工业增加值由 23.5 万亿元增加到 31.3 万亿元，我国连续 11 年成为世界最大的制造业国家。中国制造业对世界制造业贡献的比重接近30%。"大家都知道：工业强则国家强，制造强则国家强。从数据看，中国工业是世界上最庞大、最完善的工业体系，但是中国制造"大而不强"，其核心原因在于研发不强、创新能力不强。

面临第四次工业革命的推进，中国工业和制造业的"数字化转型""智能制造"，面临着"缺芯少魂"的处境；其中，"芯"是集成电路，"魂"是工业软件。林雪萍先生的《工业软件简史》，详尽描述了国际、国内工业软件发展的背景和历程，合理分类了工业软件，分析了中国工业软件不强的原因，不仅提出了问题，而且设计了解决问题的方案和建议，是近年来一本不可多得的有关工业软件的佳作。2020年，国家各部委和地方出台了多项促进软件产业发展的利好政策，因此，可以认为：2020年是中国工业软件元年。在这种情况下，这部著作对工业和制造业企业，以及面向制造业的服务业、政府部门、科研院所、大专院校，都具有宝贵的参考价值。

中国建立完整的工业软件体系，是一个漫长的马拉松，不是跑百米，道路极其艰难，我们要有充分的思想准备。过去我们讲："工业强则国家强，制造强则国家强"；今天我们必须说"软件强则国家强"；工业软件不仅仅承载了工业知识，而且是国家工业文明传承所必需的最科学合理的方法和手段。"软件定义制造，软件定义需要定义的一切，软件无处不在，工业软件是工业的核心和灵魂"，这些理念必须深入全国人民的人心，才能在中华人民共和国成立100周年时，实现中华民族的伟大复兴。当然，我们更期望那个时候，中国的工业软件在世界上"三分天下居其一"。

小结就是"二零二零工业软件启元年；三十年后三分天下居其一"。是以为跋。

宁振波

中国航空工业集团信息技术中心原首席顾问

图书在版编目(CIP)数据

工业软件简史 / 林雪萍著 .— 上海 : 上海社会科学院出版社，2021
ISBN 978-7-5520-3693-0

Ⅰ. ①工… Ⅱ. ①林… Ⅲ. ①软件开发—技术史—中国 Ⅳ. ①TP311.52-092

中国版本图书馆 CIP 数据核字(2021)第 195643 号

工业软件简史

著　　者：林雪萍
责任编辑：应韶荃
封面设计：璞茜设计
出版发行：上海社会科学院出版社
上海顺昌路 622 号　邮编 200025
电话总机 021-63315947　销售热线 021-53063735
http://www.sassp.cn　E-mail：sassp@sassp.cn
照　　排：南京前锦排版服务有限公司
印　　刷：上海市崇明县裕安印刷厂
开　　本：710 毫米×1010 毫米　1/16
印　　张：15.25
字　　数：224 千
版　　次：2021 年 11 月第 1 版　　2021 年 11 月第 1 次印刷

ISBN 978-7-5520-3693-0/TP・004　　定价：88.00 元